山地海绵城市建设丛书

三峡库区黑臭水体治理理论与实践

雷晓玲　吕　波　著

中国建筑工业出版社

图书在版编目（CIP）数据

三峡库区黑臭水体治理理论与实践 / 雷晓玲，吕波
著. — 北京：中国建筑工业出版社，2019.2
（山地海绵城市建设丛书）
ISBN 978-7-112-23177-5

Ⅰ.①三…　Ⅱ.①雷…　②吕…　Ⅲ.①三峡水利工程 — 水
污染防治　Ⅳ.①X52

中国版本图书馆CIP数据核字（2019）第007427号

本书内容共6章：第1章主要阐述黑体水体的内涵及其治理难度；第2章主
要对黑臭水体分类、致黑致臭机制及影响因素进行详细介绍；第3章主要讨论
了初期雨水、城市污水、船舶污水和底泥对三峡库区水环境的影响；第4章主
要介绍低影响开发、管网改造、曝气增氧、水动力、补水、底泥疏浚及生态修
复等水环境治理措施；第5章主要对黑体水体的评价方法、指标、标准、水体
水质保持技术及相关管理方法等作了较为详细的介绍；第6章主要介绍了以问
题为导向的城市河道治理思路、技术体系、治理效果，并用工程实例来说明。

本书适合从事黑臭水体治理和海绵城市建设的相关管理人员和技术人员使
用，也可供高等院校给排水科学与工程、环境科学与工程等相关专业的本科生
和研究生参考。

责任编辑：刘爱灵
版式设计：京点制版
责任校对：李欣慰

山地海绵城市建设丛书

三峡库区黑臭水体治理理论与实践

雷晓玲　吕　波　著

*

中国建筑工业出版社出版、发行（北京海淀三里河路9号）
各地新华书店、建筑书店经销
北京点击世代文化传媒有限公司制版
北京富诚彩色印刷有限公司印刷

*

开本：787×1092毫米　1/16　印张：11½　字数：245千字
2018年12月第一版　2018年12月第一次印刷
定价：**105.00**元
ISBN 978-7-112-23177-5
　　　（33264）

序言 | PREFACE

21 世纪，中国步入城镇化飞速发展的阶段，城镇化率由 2000 年的 36.22% 增加到 2017 年的 58.22%，年均增幅达到 1.3%。中国城镇化对于推动经济社会现代化起到了至关重要的作用，但在传统的粗放建设、管理模式的影响下，"城市病"十分突出，主要表现为水环境污染、城市洪涝、水资源短缺、水生态恶化，这一系列问题相互影响、交织叠加，成为影响城市人居环境的突出问题，严重制约了经济社会的可持续发展。水环境污染引起水体发黑发臭，导致本来适于休闲娱乐的城市水体演变为黑臭水体，进一步加剧了水资源短缺和水生态退化，甚至影响公众生活、危害人体健康。因此，消除水体黑臭，改善感观，美化城市，已成为水体污染治理中首要解决的问题之一。

党的十八大以来，党中央、国务院十分重视水污染防治工作，将生态文明建设提到了一个全新的高度。2015 年 4 月国务院颁发的《水污染防治行动计划》（"水十条"）明确提出，到 2020 年全国污染严重水体较大幅度减少；到 2030 年力争全国水环境质量总体改善；到 21 世纪中叶，生态系统实现良性循环，该计划是当前和今后一个时期全国水污染防治工作的行动指南。2015 年 8 月住房和城乡建设部发布的《城市黑臭水体整治工作指南》明确提出 "2020 年底前地级及以上城市建成区黑臭水体均控制在 10% 以内，2030 年城市建成区黑臭水体总体得到消除"。2017 年 4 月，住房和城乡建设部、环境保护部在《关于做好城市黑臭水体整治效果评估工作的通知》中提出直辖市、省会城市、计划单列市城市黑臭水体整治要在 2018 年达到长制久清；其他地级及以上城市黑臭水体整治要在 2019 年底初见成效，2020 年达到长制久清。2018 年 9 月住房和城乡建设部、生态环境部发布《城市黑臭水体治理攻坚战实施方案》，要求以习近平新时代中国特色社会主义思想为指导，把更好满足人民日益增长的美好生活需要作为出发点和落脚点，全面整治城市黑臭水体，补齐城市环境基础设施短板，确保用 3 年左右时间使城市黑臭水体治理明显见效，让人民群众拥有更多的获得感和幸福感。

随着"水十条"等有关水环境的政策相继出台，黑臭水体整治已成为地方各级人民政府改善城市人居环境的重要工作，各地区在治理城市黑臭水体方面取得了积极进展。根据全国城市黑臭水体整治信息发布平台的统计数据，截至目前，全国认定的 2100 个整治项目中，完成治理的 1745 个、治理中的 264 个、方案制定中的 91 个，完成率达到

83%。2018年10月，财政部、住房和城乡建设部、生态环境部联合评定重庆、广州、长春、福州等20座城市作为全国首批城市黑臭水体治理示范城市，并对上述示范城市给予中央财政奖补资金。

黑臭水体的治理和修复是一项系统工程，很难用单一的工程措施来实现，尚需非工程措施以及政策制度上的配合。城市河湖水系是城市雨洪的主要承载体，也是各种污染物受纳体。海绵城市建设有助于控制面源污染，黑臭水体治理有利于提升海绵城市系统的生态功能，海绵系统对雨水径流的滞蓄和净化，是黑臭水体经治理后，实现长制久清的重要保障。

"截断巫山云雨，高峡出平湖"，这是新中国几代人的梦想，在三峡水库蓄水以后，诞生了中国最大的河道型水库，承载着长江中下游流域3亿多人口的用水安全，人们不禁担心：库区两岸的污水和生活垃圾，是否会影响到库区水质呢？2011年5月，国务院发布的《三峡后续工作总体规划》指出三峡库区首要任务由库前建设转变为库后的库区生态环境保护。后三峡时期库区水环境安全面临着严峻的挑战，要实现三峡库区"青山两岸，绿水一库"，改善水环境刻不容缓。因此，三峡库区的黑臭水体治理工作是十分光荣和艰巨的。

本书选取三峡库区最大城市——重庆的黑臭水体整治工程实例进行介绍，详细阐述了山地城市黑臭水体治理的基本理论、思路和技术措施，可操作性强，期待本书面世能够为条件类似城市的水环境治理提供参考。

持续推进城市水污染治理工作，全面消除黑臭水体，打造人与自然和谐共生的社会，用水清景美的城市环境生态，让人们享水之乐、赏水之美、惜水之贵，让人们留住碧水蓝天的回忆、期盼更好的明天。

前言 | INTRODUCTION

　　城市河湖水系是城市生态系统的重要组成部分，具有优化蓝绿空间、调节区域湿度、促进水循环、涵养水资源等重要功能。随着经济社会的发展和城市化的不断推进，城市水系被大面积侵占或改造，大量污染物入河，致使其原有水文特征发生显著变化，导致水体生物多样性、生态功能、水域连通性、环境容量等均不同程度地降低，部分城市水系逐步演变为黑臭水体，由此引发的一系列水问题成为全球性的生态环境问题。

　　黑臭水体难治理、易反复，影响城市环境和生态安全，是制约我国经济社会可持续发展和生态文明建设的重要因素之一。目前，我国城镇化率已超过 50%，今后一段时期是城市水安全的高风险期，更是治理水污染、修复水生态的关键期和机遇期，党中央、国务院高度重视水污染防治工作，城市河湖污染治理已成为保障城市人居环境、经济社会持续健康发展的必要条件和重要任务。可以预见，在未来一段时期内，城市黑臭水体治理将会出现一个高潮，各种工程措施和非工程措施将会相继涌现，因此，广大环保工作者应树立治理水污染、恢复水生态、保障水安全的正确思路，实现健康水循环。

　　三峡库区位于长江中上游结合部位，东起湖北宜昌、西至重庆江津，是长江流域经济发展由东向西推进的重点开发地带。三峡水库蓄水以后，水体自净能力减弱，库区次级河流受回水顶托的影响，河口江段污染严重，水环境形势不容乐观。由环境保护部、国家发展和改革委员会等多个部门共同编制的"水十条"勾勒了我国水污染治理的宏伟蓝图，到 2030 年七大重点流域水质优良比例达到 75% 以上，城市建成区黑臭水体总体得到消除。并提出了 238 项具体治理措施，这是当前和今后一个时期全国水污染防治工作的行动指南。三峡库区跨越 20 余个市、区、县，辖区面积约 5.8 万 km²，其中，河谷平坝、丘陵和山地分别约占总面积的 4.3%、21.7% 和 74.0%，山地城市占区域城市总数的一半以上。重庆是三峡库区最大的山地城市，境内水系丰富、用地破碎、人类活动强烈、自然生态环境相对敏感，在水污染治理过程中应秉承节水优先、分散治理、就地利用、统筹管理的原则，保留山地城市原有的塘、溪、谷、岸等自然地貌，加强新工艺、新技术、新材料的研发和推广应用，有效推进城市黑臭治理和海绵城市建设。

　　本书内容共分 6 章，主要结合三峡库区的自然地理、气候、水文特征，从黑臭水体的内涵、成因、影响因素、评价标准及长效保持等五个方面系统介绍了黑臭水体的治理思路与技术，最后从问题解析、治理思路、技术措施、运行管理和整治效果等方面介绍了重庆市盘溪河流域的治理方案，对山地城市黑臭水体治理进行了有益的探索和尝试，以期为参与此项工作的决策人员、管理人员和研究人员提供一些支持，有效促进我国黑臭水体治理工作的持续开展。

本书获得了重庆市科研项目（cs+s2016shmszx30024，csts2016shmszx30019）、重庆市博士后特别资助项目（xm201606）等项目或基金的资助，由重庆市科学技术研究院雷晓玲教授、重庆市海绵城市建设工程技术研究中心吕波教授执笔，杨威副教授、袁绍春博士后、谢天高级工程师参与了主要撰写工作，其他参与著述工作的还有潘终胜、杨程、方小桃、陈垚、袁廷、黄媛媛、苏定江、刘宁、魏泽军、刘亭役、杜安珂、刘媛媛、谢梦佩、周云帆等同志，在此一并表示衷心感谢！

本书涉及面广，参考并引用了大量的标准、图集、规范、论文、专著及报告等相关资料，在此对这些文献的作者表示衷心感谢！由于作者水平所限，书中不足和疏漏之处在所难免，恳请读者提出宝贵意见。

作者

2018 年 12 月 5 日

目录 | CONTENTS

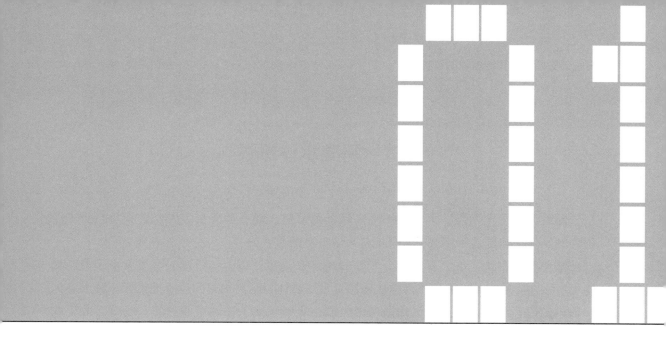

第 1 章
绪论

1.1 黑臭水体概述

随着经济迅速发展，环境保护越来越受到重视，城市黑臭水体成为目前人们反映最强烈的水环境问题之一，城市水环境是人居环境的重要内容。

国务院颁布的"水十条"提出"到2020年，地级及以上城市建成区黑臭水体均控制在10%以内，到2030年，城市建成区黑臭水体总体得到消除"的控制性目标。城市黑臭水体整治已经成为地方各级人民政府改善城市人居环境工作的重要内容，然而，由于城市水体黑臭成因复杂、影响因素众多，整治任务十分艰巨。

由于外源有机污染物排入过多、水温升高、水动力不足等因素（DO不足或缺少关键因素）导致水体内植物、底泥等产生大量NH_3-N，形成富营养化，超出水体自身环境容纳量，使水体自净功能出现问题，人们视觉感官呈异色（主要呈黑色或泛黑色），并散发怪异难闻气体（H_2S、N_2O、NH_3等强还原性气体以及恶臭气体，硫醇、甲硫醚、二甲基二硫醚、羟基硫或二硫化碳等硫化合物）刺激人体嗅觉感官的水体，统称为黑臭水体。黑臭水体是水体污染的一种极端现象，目前与雾霾问题一样受到广泛重视。

城市黑臭水体整治工作系统性较强，涉及工作面广，但我们首先要做的事情就是判别哪些水体是黑臭水体、黑臭的具体程度。水体黑臭判断标准尤其是关键指标的选取，是水体黑臭预测、评价和修复的依据。目前国内外黑臭评价方法主要采用单因子污染指数法、有机污染指数模型、黑臭多因子加权指数法、水质指标比值法、多元线性回归模型等。

住房和城乡建设部、环境保护部发布的《城市黑臭水体整治工作指南》中给出了城市黑臭水体的明确定义：一是明确范围为城市建成区内的水体，也就是居民身边的黑臭水体；二是从"黑"和"臭"两个方面界定，即呈现令人不悦的颜色和（或）散发令人不适气味的水体，以百姓的感观判断为主要依据。并且指南中明确划分了黑臭水体的标准等级：透明度低于25cm、DO低于2mg/L、ORP介子-200～50mV，NH_3-N指标高于8mg/L，可视为轻度黑臭；透明度低于10cm、DO低于0.20mg/L、ORP低于-200mV、NH_3-N指标高于15mg/L，可视为重度黑臭。

河海大学教授李继洲在研究南京城区典型河道水体黑臭现状时同时应用黑臭单因子污染指数法、黑臭多因子加权指数法对河道的黑臭现状进行评价，对比其评价结果，得出黑臭多因子加权指数综合考虑了NH_3-N、COD及水温对水体黑臭的影响，更能反映出水体黑臭与水质水温等指标对水体黑臭程度的影响，因此与黑臭单因子污染指数相比，其总体评价结果更加客观。其中黑臭单因子污染指数I是1963年由上海自来水公司提出，表达式为：

$$I = \frac{\text{NH}_3\text{-N}}{\text{DO}_{饱}\% + 0.4} \tag{1-1}$$

式中 $\text{NH}_3\text{-N}$ 为氨氮质量浓度（mg/L），$\text{DO}_{饱}$ 为饱和状态下 DO 质量浓度（mg/L）。当 $I \geq 5$ 时，判定河流出现黑臭；黑臭多因子加权指数 WI 是通过实际观测试验条件下和河流中各种影响因素与水体黑臭相关性研究得出的黑臭评价方法，其表达式为：

$$\text{WI} = \frac{0.2\text{COD}_{\text{Cr}} + \text{NH}_3\text{-N}}{\text{DO}_{饱}\% + 0.3} \times 1.085^{(T-10)} \tag{1-2}$$

式中：COD_{Cr}——化学需氧量（mg/L）；T——水温（℃），当 WI $\geq$ 15 时，判定河流出现黑臭。

魏文龙等学者在对北京市城市河道水体黑臭状况进行分级评价时，引入了 COD 及 TP 来量化水体发黑程度。利用 DO、$\text{NH}_3\text{-N}$、COD 的臭强度等级评价方法表征水体发臭程度；利用 DO、$\text{NH}_3\text{-N}$、COD、TP（及总铁）的水色稀释倍数评价方法表征水体发黑程度；最后综合发黑与发臭评价方法评价水体黑臭。通过综合水体发臭与发黑量化等级，确定北京市黑臭水体分级评价方法。选取现场臭强度等级、水色稀释倍数为因变量，分别表征水体发臭、发黑程度，选取 DO、$\text{NH}_3\text{-N}$、COD、TP（及总铁）4 项关键指标为自变量，解释水体黑臭。利用 SPSS 统计分析软件、遵循逐步回归法对现场臭强度等级及水色稀释倍数做多元线性回归，得出计算结果，计算结果均可分为四档。遵循"逻辑或""取最大值"原则，水体黑臭可分为 4 个级别：非黑臭、轻度黑臭、中度黑臭与重度黑臭。最后参照城市黑臭水体黑臭分级标准，用单因子评价法选取透明度、DO、ORP 及 $\text{NH}_3\text{-N}$ 4 项指标，当达到"轻度黑臭"标准（透明度 $\leq$ 20cm、DO $\leq$ 2mg/L、ORP $\leq$ 50mV、$\text{NH}_3\text{-N} \geq$ 8mg/L）时即判定为黑臭水体。

南京市环境保护科学研究院俞欣等人认为 $\text{NH}_3\text{-N}$、COD 难以在现场快速测定，并且难以表征底泥黑臭程度，选择 ORP 作为简便实用的厌氧发酵黑臭测评指标，用于河道黑臭污染的现场监测与快速评价。研究表明：河道黑臭，特别是底泥黑臭主要来自厌氧发酵产生的硫醇、硫化氢以及硫化铁、硫化锰。其中，硫醇、硫化氢与溶解氧（DO）和厌氧发酵的氧化还原状态密切相关。一般来说，厌氧发酵的前提是 DO=0mg/L，而厌氧发酵产物取决于氧化还原状态，这只能用 ORP 来定量反映。并且根据相关数据分析 ORP 与 pH 值、SO_4^{2-}、DO、S^{2-} 相关性较好，可以单独作为水体和底泥黑臭现场监测评价指标，用于入河污水、河道水体与河道底泥黑臭度的现场快速监测和定量评价。其以 ORP 为独立的核心指标，测定对象是沿河主要污水排口处的入河污水及其附近底泥，评判标准是：

ORP ≥ −50mg/L，不黑臭；ORP < −100mg/L，黑臭；ORP < −200mg/L，黑臭严重。

程江等学者在对平原河网地区水体黑臭预测评价研究选择了 DO、COD、BOD_5、NH_3-N 和 TP 作为关键指标，用这些构建平原河网地区水体黑臭预测评价指标体系。在结合单因子评价和综合指数评价两种方法的基础上，提出了预测和评价水体黑臭关键指标的控制要求：DO ≥ 2mg/L，COD ≤ 15mg/L，BOD_5 ≤ 20mg/L，NH_3-N ≤ 8mg/L，TP ≤ 0.80mg/L。

综上所述，不同的地方，不同水体的黑臭判别方法及判别标准都各不相同，同一水体也可以采用不同的判别方法和判别标准。我们应根据实际情况选择合适的判别指标，确定判别标准，才能为治理城市黑臭水体打下良好的基础。

1.2   黑臭水体整治的目的与意义

黑臭水体的特点也与其他水体状态有很大不同，其理化形状表现的特点如下：

①污染严重，水体发黑，有臭味或异味。

②水质具有较强的还原性。

③浮游植物、浮游动物、底栖动物可能只有少量耐污种存在，导致食物链断裂、食物网破碎。

④水生植被退化甚至灭绝。

⑤生态系统结构严重失衡，水体功能严重退化甚至丧失，水生生物不能生存。

综上所述，黑臭水体会带来许多危害，发生黑臭的水体生态系统已经严重破坏或损害城市景观，直接或间接地影响到饮用水源的水质，从而影响居民生活、危害人体健康。因此，消除水体黑臭，改善感观、美化城市，已成为水体污染治理中首要解决的问题之一。

"十二五"以来，我国对治理城市黑臭水体十分重视。2015 年 4 月，国务院颁布《水污染防治行动计划》（简称"水十条"）。"水十条"中明确提出："2017 年年底前，地级及以上城市实现河面无大面积漂浮物、河岸无垃圾、无违法排污口，直辖市、省会城市、计划单列市建成区基本消除黑臭水体；2020 年年底前，地级及以上城市建成区黑臭水体均控制在 10% 以内；到 2030 年，全国城市建成区黑臭水体总体得到消除"。2015 年 8 月，住房和城乡建设部以及环境保护部发布《城市黑臭水体整治工作指南》，其中也提出"2017 年年底前，地级及以上城市建成区应实现河面无大面积漂浮物，河岸无垃圾，无违法排污口；直辖市、省会城市、计划单列市建成区基本消除黑臭水体"。2017 年 4 月，住房和城乡建设部、环境保护部在《关于做好城市黑臭水体整治效果评估工作的通知》中提出直辖市、省会城市、计划单列市城市黑臭水体整治要在 2017 年底初见成效，2018 年达到长制久清；其他地级及以上城市黑臭水体整治要在 2019 年底初见成效，2020 年达到长制久清。随着国家有关黑臭水体政策的相继出台，城市黑臭水体整治已经成为地方各级人民政府改善城市人居环境工作的重要内容，整治工作迫切而艰巨。

1.3 我国的黑臭水体现状

为了积极贯彻落实国务院于 2015 年 4 月发布的《"水十条"》（到 2020 年，地级及以上城市建成区黑臭水体均控制在 10% 以内；到 2030 年，全国城市建成区黑臭水体总体得到消除），加快城市黑臭水体整治，2015 年 8 月住房和城乡建设部会同环境保护部、水利部、农业部制定了《城市黑臭水体整治工作指南》。文件要求全面开展城市建成区黑臭水体排查工作，指导各城市编制黑臭水体整治计划（包括黑臭水体名称、责任人及整治达标期限等），制定具体整治方案，并抓紧组织实施。截至 2017 年 11 月，在全国 295 座地级市及以上城市中，认定的黑臭水体总数已经达到 2100 个，其中河流约占 85%，湖、塘占 15% 左右，总长度为 7056.87km，总面积为 1484.73km^2。从黑臭水体地域分布来看。中南区域与华东部地区所占比例最大，分别为 37%（778 个）和 33.70%（709 个），重庆所在的西南地区总数量为 156 个。从省份来看广东（243 个）、安徽（217 个）地区发现的黑臭水体数量最多。具体情况见图 1.3-1。

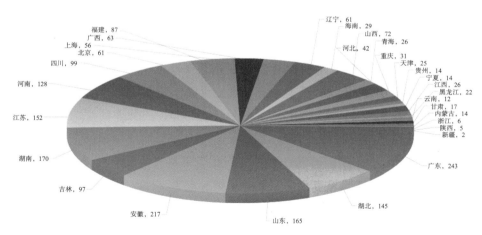

图 1.3-1 国内城市黑臭水体省份分布情况

2100 个已认定的黑臭水体中已经治理完成的数量为 927 个，达 44.10%，且再次黑臭的个数为 0；正在治理中的黑臭水体个数为 843，占总数的 40.10%；处于制定计划阶段的总量为 328 个，占总数的 15.60%；在已认定的黑臭水体中只有保定市的金钱河与无锡市的徐巷浜未启动治理。

三峡水库建成后，水位抬升导致淹没大面积陆地面积，其辖区面积1084km²。《长江三峡水利枢纽环境影响报告书》指出三峡工程主要有利影响在长江中游，主要不利影响通过采取恰当的对策和措施后可以大大减免，生态环境问题不影响工程的可行性。

三峡水库蓄水以后，库区天然河道变成河道型水库，致使库区一级支流水位大幅抬升，流速急剧下降，众多水文要素发生了很大变化，而这些变化的水文要素会带来相应水环境要素的变化，使水环境复杂化。

天然水流条件的改变，使得河水流速较天然河流流速变小，水体自净能力减弱，环境承载力有所降低；库区经济以种植农业为主，农业非点源污染加剧；加之大量移民活动，比如大兴土木、耕地开垦、破坏天然植被等等，使库区水土流失加剧，污染物排放量增加，库区生态环境与土地资源的负荷日益加重。

根据重庆市水利厅发布的《重庆市水资源公报》（2012—2016年），在三峡库区长江干流布设6个水质监测断面，分别为永川朱沱、重庆寸滩、江津大桥、涪陵清溪场、万州晒网坝、巫山培石；在长江支流嘉陵江布设金子和北温泉2个水质监测断面，在乌江布设万木和锣湾2个水质监测断面。库区属于湿润亚热带季风气候，雨量充足，年均降水量1140～1200mm；三峡水库蓄水后，最大影响河流长度超过660km。比较多年平均地表水资源量，岷江、沱江、嘉陵江、乌江、长江宜宾至宜昌、洞庭湖水系、汉江的地表水资源量从略微减少变为增加，与多年平均值相比，总体上呈现自西向东降水逐渐增多的趋势。其受蓄水期及水库蓄水调度影响明显但逐渐减弱，主要超标污染物包括TN、TP、BOD_5、COD_{Mn}。卓海华等认为，沉降条件的改变对水体中悬浮物浓度影响明显，而COD_{Mn}、TP等项目检测结果与水体悬浮物含量有着直接关系。

乌江评价河段全年期水质由Ⅴ类提升至Ⅲ类；涪江和渠江评价河段全年期水质均为Ⅲ类；嘉陵江评价河段全年期水质以Ⅱ类为主降低为以Ⅲ类为主；长江评价河段全年期水质以Ⅲ类为主提升至以Ⅱ类、Ⅲ类为主，以上反映了从上游到下游的三峡库区主干河流水质，优于Ⅲ类标准的比例总体上呈逐年上升的趋势，三峡库区"两岸青山，一库清水"初见成效。

在受到长江干流回水顶托作用影响的38条长江主要支流以及水文条件与其相似的坝前库弯水域布设77个营养监测断面，采用叶绿素a、TP、TN、COD_{Mn}和透明度5项指标计算水体综合营养状态指数，评价综合营养状态。据中国环境监测总站发布的《长江三峡工程生态与环境监测公报》（2012—2015）监测结果显示：三峡水库38条主要支流水华敏感期（3～10月）水体营养化状况大致处于富营养状态占15%～39%，处于中度营养状态占55%～79%，贫营养状态占0～6%。其中，回水区水体处于营养程度较非回水区严重。因三峡水库是一个河道型水库，上游来水量大，且多经干流过境，物质交换周期短，干流不易形成污染物堆聚；但库周来水受干流顶托作用，多滞留在支流河口或库湾，物质交换周期长，导致局部水域水质恶化、水华频发，这也是影响三峡水库整体水质达标的主要因素之一。

三峡水库蓄水后，位于库区干流的城市岸边污染范围呈现扩大趋势。污染程度综合排序为重庆主城区＞涪陵区＞万州区。监测显示，在部分支流的回水区、库湾处，水体扩散能力较天然河流明显减弱，特别是库区一级支流水质污染比干流更为严重。据长江流域水环境监测中心同期发布的 4、5 月（枯水期）《长江流域水资源质量公报》，支流岷沱江水系水质为Ⅳ类，明显差于库区干流水质，主要超标指标为 TP、NH_3-N。

在三峡库区香溪河、叱溪河、童庄河、草堂河等主要支流回水区有水华出现。水华是当水体出现富营养状况，且具有适宜的光照、温度、溶氧等有利于藻类生长和繁殖的水环境条件时，水体中藻类大量繁殖、聚集并达到一定程度的现象。通常水体营养化可代入 TP、TN、叶绿素 a 等指标值，根据公式计算水体营养状态值（湖泊（水库）富营养化评价方法及分级技术规定）。

三峡库区水华优势种主要为硅藻门的小环藻、甲藻门的多甲藻、绿藻门的丝藻、蓝藻门的束丝藻及隐藻门的隐藻。水华主要发生在春季和秋季，季节性转变明显。春季水华的优势种主要为硅藻门的小环藻和甲藻门的多甲藻，秋季水华优势种主要为绿藻门的丝藻和隐藻门的隐藻。

1.4 黑臭水体综合整治难点分析

水体黑臭是国内外大部分国家工业化、城市化发展阶段产生的"环境产物"。韩国首尔清溪川、英国伦敦泰晤士河、法国巴黎塞纳河等历史上都经历过类似环境事件，经过整治后水质都得到了改善。近年来，上海的苏州河、山东的小清河流域、浙江的五水共治、江苏的河长制、广东的河涌治理都在陆续开展。从总体上看，我国水体整治起步较晚，成功案例不多，究其原因，除水体治理存在着无定额标准、无设计建设规范、无配套管理制度等技术问题外，在具体治理工作上还普遍存在以下五个方面的问题。

（1）治理缺乏系统性、整体性，规划体系不够健全

很多地方把对黑臭水体的治理理解为各类工程措施，这些治理措施与水环境问题关联不密切，如简单的清淤排污工程、水体安全工程、灌溉工程等。治理工作中，存在着"头疼医头，脚痛医脚"的应急行为，忽视了水体治理的系统性。对河道结构、功能、生态系统等缺乏科学统一的规划，全域统筹治理的理念不够到位、流域总体规划不够完善。同时，治理内容上，存在着景观工程建设多、重大流域沟通工程少，分段治理多、全域治理少，河岸工程投入多、水质治理投入少等问题。

（2）治理手段单一，未考虑综合施治

在治理方案的确定上，缺乏水环境问题分析、方案目标确定、解决措施之间的逻辑论证，没有理清水体黑臭的根本原因，导致措施与问题缺乏关联，各项目之间缺少关联性、项目建设内容不能有效支撑项目目标等问题。从国内案例看，大部分城市水体的黑臭治理，主要是疏浚、护岸、筑坝、人造景观等，而对污染源的控制措施涉及较少。工程重岸上而轻岸下，重绿化而轻净化，目标与水质改善无法挂钩，导致有的河流整治后甚至是反复整治却仍不能解决黑臭问题。

（3）重工程项目建设，轻运行管理

城市水环境综合整治项目的前期准备主要关注工程项目建设内容、建设规模及技术方案，而对建成后的运营管理则缺少分析，很容易导致项目建成后因运营责任、运行经费、人员等问题而不能持续运营，严重影响项目环境效益的发挥。

（4）河道管理的体制机制不够完善

"多龙治水"体制影响水环境综合治理，条块分割现象严重，职责交叉、权责不一、污染界定不清，边界矛盾突出。各主管部门往往仅关注自己责任范围内的问题，缺乏对水体黑臭问题的系统考虑。环保部门针对水质问题提出解决措施但不负责工程建设，住房和城乡建设部、水利部门负责工程实施，但往往更注重防洪排涝或是景观等功能提出相应的措施，导致整治目标单一、片面，这种现象在中小城镇表现尤为突出。而对于流经不同行政区的河道，除上述问题外，在整治上往往不同河段难以同步实施。

（5）资金不能到位或不足

据2013年江苏省对苏南四市41条城市河道的检查发现，部分河道缺乏整治资金，仅完成局部河段整治，整治工作"留尾巴"。据对江苏、杭州、珠江三角洲等地的城市水体治理工作调研，我国每条黑臭的城市河道长度平均为2~4km；参考浙江和江苏的整治投资单价，每公里河道整治资金平均为3500~4500万元（包括污染源治理、污水处理厂建设、截污清淤、引水活水等建设内容）投资巨大。

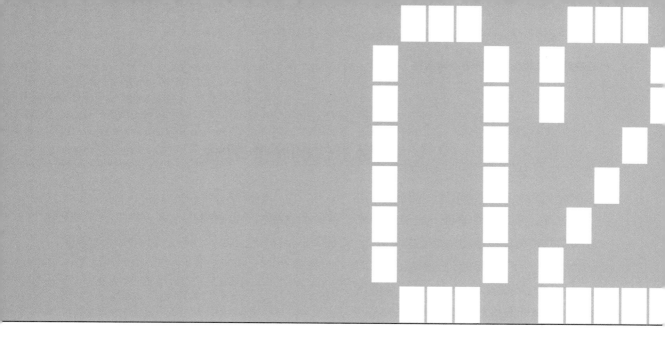

第 2 章
黑臭水体的成因分析

2.1 黑臭水体的水质指标

水质指标是用以评价一般淡水水域、海水水域特性的重要参数，可以根据这些参数对水质的类型进行分类，对水体质量进行判断和综合评价。水质指标包括水质物理指标、化学指标和生物学指标，已形成比较完整的指标体系。

2.1.1 物理指标

水质物理指标包括温度、悬浮物、臭和味、透明度、色度等，它们均与水体黑臭有关。

1. 温度

温度是最常用的物理指标之一，水的许多物理特性以及在水中进行的化学和生物过程都与温度有关。《地表水环境质量标准》GB 3838—2002 给出的温度要求是：人为造成的环境水温变化应限制在周平均最大温升 ≤ 1℃、周平均最大温降 ≤ 2℃。温度与水体黑臭的发生有关。有学者给出的结论是：当水体温度低于 8℃和高于 35℃时，河流一般不产生黑臭，因为在这个温度段内放线菌分解有机污染物并产生乔司眯等恶臭物质的活动受到抑制，但是当温度在 25℃时，放线菌的生长繁殖达到峰值，水体发臭程度达到最大。此外，水温的升高会加快水体中的微生物残体分解、加快有机物及 $NH_3\text{-}N$ 的降解速度、加速 DO 消耗、加剧水体黑臭现象的发生。

2. 悬浮物

水中悬浮物含量是衡量水污染程度的指标之一。悬浮物指悬浮在水中的固体物质，包括不溶于水中的无机物、有机物、泥沙、黏土及微生物等。悬浮物是造成水体浑浊的主要物质。水体中的有机悬浮物沉积后易厌氧发酵，使水质恶化。

3. 臭和味

被污染的水体往往具有异常的气味，用鼻闻到的称为臭，口尝的称为味。根据水中的臭和味，可以大概推测水中所含杂质和有害成分，如水体因藻类繁生或有机物污染而产生的鱼腥及霉烂气味。目前对臭与味尚无完全客观的标准和检测的仪器。日本学者合田健提出以臭气浓度及臭气强度指数来度量水质的嗅觉属性，其中臭气浓度（TO）=200/a，式中 a 为感觉到臭气的最小水样量（mL）。在给水水源标准中，要求 TO 值低于 3～5；臭气强度指数（PO）是指被测水样稀释到没有臭气为止时，以百分率表示的稀释倍数。PO 与 TO 通常具有如式（2-1）所示的关系。

$$PO=lgTO/lg2 \tag{2-1}$$

4. 透明度

把某一面白色或黑白相间的圆盘作为观察对象，透过水层俯视圆盘并调节圆盘深度至恰能看到为止，此时圆盘所在深度位置称为透明度，单位是米（m）。透明度是表示水体透明程度的指标，它与浑浊度都能表明水中杂质对透过光线的阻碍程度，但意义是相反的。水一般清澈透明，若水中含有铁盐或亚铁盐，与空气接触后就可能产生 $Fe(OH)_3$ 等物质，使水呈棕黄色浑浊状态。

5. 色度

色度是一种感官性指标，是对天然水或处理后的各种水进行颜色定量测定时的指标。水的色度是饮用水水质的重要指标之一，这主要是由于色度会引起人视觉感官的不良反应，令人产生厌恶心理。

纯净的水是无色的，当水中含有大量的杂质时，水就会产生颜色。天然水经常显示出浅黄、浅褐或黄绿等不同的颜色，这是由于溶于水的腐殖质、有机物或无机物质所造成的。另外，当水体受到工业废水的污染时也会呈现不同的颜色，这些颜色分为真色与表色。真色是由于水中溶解性物质引起的，也就是除去水中悬浮物后的颜色；表色是没有除去水中悬浮物时产生的颜色。色度的测定可以采用铂钴标准比色法，单位是倍。

2.1.2 化学指标

1. 非专一性指标

非专一性指标包括 pH、氯化 - 还原电位等。其中 pH 会影响水体中生物的生长环境、物质的溶解与沉淀。《地表水环境质量标准》GB 3838—2002 给出的水体 pH 标准为 6 ~ 9。ORP 就是用来反映水体中所有物质表现出来的宏观氧化 - 还原性，ORP 越高，氧化性越强，电位越低，氧化性越弱；电位为正，表示水体显示出一定的氧化性，水质较好；电位为负，说明水体显示出一定的还原性，即水质已经被污染。

2. 无机物指标

包括 NH_3-N、硝酸盐、亚硝酸盐、TPT、硫化物、氟化物、有毒金属、有毒准金属等。当水体中 N、P 等浓度较高时会造成水体富营养化。

（1）NH_3-N

NH_3-N 是水体中无机氮的主要存在形式，通常主要以 NH_4^+ 离子状态存在，并包括未电离的氨水合物（$NH_3 \cdot H_2O$），NH_3 与 NH_4^+ 在水中可以相互转化，但它们是性质不同的两类物质，NH_3-N 是水体中的营养物质，也是水体中的主要耗氧污染物，对鱼类及某些水生生物有毒害。在高温季节以及有机腐败物积蓄较多的水体中，NH_3-N 等有害物质的含量与作用会相应增加。用一般的化学分析方法（奈氏试剂法）测定出的水中 NH_3-N 含量，实际上是离子氨（NH_4^+）和分子氨（NH_3）二者含量的总和，这主要取决于水的 pH 和温度。pH 增加，NH_3 的比率增加，pH 接近 10 时，几乎以 NH_3 的形式存在；水温升高，NH_3 的含量也会稍有增加。

氨水合物（$NH_3 \cdot H_2O$）能通过生物的表面渗入体内，渗入的数量决定于水及生物体液 PH 的差异，NH_3 总是从 pH 高的一边渗到 pH 低的一边。如 NH_3 从组织液中排出，这是正常的生理排泄现象；相反，若鱼类等生物长期生活在 NH_3 含量较高的水体中，不利于体内氮废物的排泄，若 NH_3 从水体渗入组织液内，就会形成血氨中毒。

《城市黑臭水体整治工作指南》中将黑臭水体细分为"轻度黑臭"和"重度黑臭"两级。其中水体 NH_3-N 浓度在 8 ~ 15mg/L 时为轻度黑臭，大于 15mg/L 时为重度黑臭。

（2）TP

TP 是水体中 P 元素的总含量。水中的 P 可以单质磷、正磷酸盐、缩合磷酸盐、焦磷酸盐、偏磷酸盐和有机团结合的磷酸盐等形式存在，其主要来源为生活污水、化肥、有机磷农药及洗涤剂所用的磷酸盐增洁剂等。

水体中的 P 是藻类生长需要的一种关键元素，过量 P 的存在是水体发生富营养化和海湾出现赤潮的主要原因。藻类的异常生长能使水道阻塞，鱼类生存空间缩小，水体生色，透明度降低，其分泌物又能引起水臭、破坏水生生态平衡。1970 年，日本琵琶湖等封闭水出现水藻疯长、鱼类死亡现象，研究发现是由于水中磷酸盐含量超过正常值所致。20 世纪 80 年代，南京玄武湖、武汉东湖、江苏太湖、安徽巢湖、杭州西湖和昆明滇池等都出现了富营养化现象，水体中 P 含量超标严重。2007 年无锡水危机事件是由于蓝藻大规模暴发而引发的次生灾害"湖泛"（也称黑臭）造成的，造成了无锡贡湖水厂取水口水质恶化，进而发生自来水停产，致使市民多日无饮用水供应。"湖泛"发生时最明显的感官现象就是水体发黑，并伴有刺激性异味的气泡产生，水体中的 ORP 急剧下降，DO 趋于 0。"湖泛"的出现往往与过高的有机负荷和较高的气温联系在一起。当湖泊富营养化水体在藻类大量暴发、积聚和死亡后，大量有机残体在适合的环境条件下厌气分解，会造成水体严重缺氧变黑，并释放出恶臭的硫化氢和二甲基硫醚类物质，其中二甲基三硫醚（DMTS）浓度可高达 11399ng/L。此外，主要致臭物的种类及含量还可能随"湖泛"持续的时间变化而有所变化。

此外，重金属污染物如铅、汞、铬、镉、砷等对生物有急性或慢性的毒性，产生味道及影响水体外观，并且降低水体的自净能力。

3. 非专一性有机物指标

包括总 TOD、COD、COD_{Mn}、BOD、TOC 等；水中有机物含量高时会直接导致水体产生黑臭现象，如含硫有机物能使水体在 7 ~ 13 天变黑，并使水体散发出恶臭味。

4. 溶解性气体

溶解性气体主要是指 DO，水体黑臭主要是水体 DO 不足造成的。DO 是维持水体生态环境动态平衡的重要环境因子，也是维持水生生物生存的必备条件，并参与部分物质转化。DO浓度能够反映出水体受到的污染程度，特别是有机物的污染程度，是衡量水体水质的重要指标之一。在标准情况下，水体中饱和DO为9mg/L；在比较清洁的水体中，DO一般在7.5mg/L以上；当DO大于6mg/L时，水体处于有氧状态，有机物降解和氨氧化速率显著增加，水体具有自净力。当DO在5mg/L以下时，各种浮游生物不能生存，大多数鱼类则要求DO在4mg/L以上；当DO为3～5mg/L时，水体中有机污染物和NH_3-N含量一般也会超过地表水V类标准，呈现出有色有味状态，但是仍有水生生物存在；好氧微生物生存的先决条件是DO应保持在2～5mg/L之间；当DO在2mg/L以下时，通常称该水体处于低氧或缺氧状态，DO为0时被称为无氧状态。在以污水处理厂为主要水源的地区，如海河流域，来水中部分生物为难以降解的有机物，BOD接近0时，COD和NH_3-N即使通过自净，也难以达到地表水V类标准的要求。

2.1.3 生物指标

包括细菌总数、大肠菌群、藻类等。当N、P等营养物质大量进入湖泊、河口、海湾等缓流水体的情况下，会引起藻类迅速繁殖面产生水华（赤潮）现象，造成水质恶化，鱼类及其他生物死亡现象的发生。

2.2 黑臭水体的污染类型

在不同的水质改善阶段，采用哪种水质改善技术以及水质改善的效果和时间，取决于对水体污染特征的深入了解。根据有关学者的分类，黑臭水体依据其污染特征大致可以分为以下5种类型：

1. 未截污或纳污型水体

水体周边的企业、生活污水等未能有效截污接管，能直接进入各种污水；或者因为纳污的需要，污水通过处理后需要直接排入。有的地区或区域以污水处理厂为主要水源，如海河流域等。有的地方虽然入河污染源能被截除，但污水处理能力滞后，不能处理达标就直接排入水体或直接排入水体。由于水体直接纳污，容易引起黑臭，也是水体发生黑臭和难以治愈的主要原因。

2. 雨污混流型水体

雨水混合地表各种污染物和污水通过雨水管网直接排入水体中。有关资料表明，城市降雨时，前20min内的雨水污染严重，雨污混流使纳污水体污染加剧和复杂化。雨污混流的原因比较复杂，主要有以下现实情况与问题：

①城中村的排水。我国大多数城市是在老城市的基础上发展起来的，由于城市改造、建设规划的不完善以及在规划执行中存在偏差，城中村成为我国城镇化快速发展的产物并广泛存在。城中村的排水往往没有能够与城市管网系统相连，污水暂时不能纳入城市排水管网的现象是客观存在的，从而形成了污水沟、污水河。

②城郊与城乡接合部的排水。城镇化的快速发展使城郊与城乡接合部的面积不断扩大，这些地区往往分布着小手工作坊、养殖场等，其排放的污水成分复杂。然而城郊与城乡接合部配套排水管网建设进程缓慢，相当多的污水直排，对水体的污染严重。

③工业园区以及企业排放的初期雨水一般也含有大量污染物，需要进行收集处理。

3. 断头浜型水体

此类水体由于断头，无法与周围的水系沟通，水源主要是降雨以及排入的污水，容易引起黑臭，此类水体在农村地区较多。

4. 封闭型水体

此类水体多为湖泊、断流蓄水河坝等。由于水体处于静止状态，只进不出，难与外界交换，容易富营养化，受到污染时容易失去自净能力发生黑臭。一般的封闭型水体的主要污染源可分为以下几个方面：

（1）雨水地表径流（面源污染）所带来的周围地表和土壤中的有机物以及 N、P。

（2）尘土所带来的外来有机物和 N、P。

（3）湖泊内不断死亡的生物群落积累而成的有机物等。

对这类水体需严格限制排入污水的水质与水量，保持其生态系统的稳定性。

5. 半封闭性缓流型和滞留型黑臭水体

如上海等 14 个平原感潮河网地区，一般河流水位落差较小加之受海水顶托作用的影响导致内河水流缓慢，较易产生淤积、黑臭现象。

2.3 水体致"黑"的有关因素

目前有关研究资料认为，水体的致黑物质可分为两部分：一是溶于水的带色有机化合物（主要是腐殖质类有机物），二是以固态或吸附于悬浮颗粒上的形式存在于水体中的不溶性物质。罗纪旦等通过试验发现，水体发黑与悬浮颗粒有直接联系，悬浮颗粒中的致黑物质主要是腐殖酸和富里酸。应太林等对苏州河水体黑臭进行研究，通过沉淀分离、充氧及氧化还原电位测定等试验，发现悬浮颗粒对水体致黑起到主导作用，并指出悬浮颗粒中的腐殖酸和富里酸因吸附络合了 Fe、Mn 和 S 的化合物成为主要致黑化学物质，

并证明了 Fe^{2+} 在致黑方面的主导作用。FeS 致黑的形成过程是：水体中的含硫蛋白质污染物等在不同厌氧微生物的参与下，厌氧分解也能产生 H_2S；硫酸盐在硫酸盐还原菌等还原作用下被还原为 H_2S，反应如式（2-2）、式（2-3）所示。

$$含硫蛋白质 \rightarrow 半胱氨酸 + H_2 \rightarrow H_2S + NH_3 + CH_3CH_3COOH \qquad （2-2）$$
$$SO_4^{2-} + 有机物 \rightarrow H_2S + H_2O + CO_2 \qquad （2-3）$$

对于铁，在有氧的水环境中，Fe^{3+} 比较稳定；而在缺氧或厌氧的水环境中，Fe^{2+} 比较稳定。因此，在厌氧环境下，铁的形态会发生如式（2-4）的转化。

$$Fe^{3+} \rightarrow Fe^{2+} \qquad （2-4）$$

Fe^{2+} 在水体中扩散时能与 H_2S 反应生成 FeS 黑色沉积物，如式（2-5）所示。

$$Fe^{2+} + S^{2-} \rightarrow FeS \qquad （2-5）$$

水体中的悬浮物质会吸附一部分 FeS，而部分沉积于水底的 FeS 沉积物会在厌氧分解产生的气体或气泡托浮作用下重新进入水体，加上其他因素的协同作用，使水体呈现黑色。

2.3.1　黑臭水体中铁离子的来源

1. 工业废水

纺织、造纸、酿造和食品工业等，在生产中产生的铁污染。工厂排放的含铁废水主要是酸性采矿废水和清洗钢铁表面铁锈的酸浸洗池排出的废水。

2. 农田废水

含有重金属离子的污泥和废水作为肥料灌溉农田，使土壤受污染，造成农作物自身及水生生物重金属离子的富集。

3. 城市废水

随着人们的生活产生的一些含铁污染废水。

4. 养殖废水

畜禽养殖废水中不但 COD、BOD 的含量很高，而且还有很高的 SS、NH_3-N 和 TP。而且产生的尿液以及清理圈舍产生的污水产量大、浊度高，且富含氮、磷、粪臭素、残留的兽药和大量的病原体及重金属如砷、铁和锰等物质，如果不经过妥善处理而直接排出，会造成河流及地下水污染，使得水体中有毒成分增多、有害物质超标，进而影响水体。

鱼类粪便、残饵等大量产生也会致使水体总的 TN、TP 含量增高，使水体富营养化，甚至在某些海湾地区高密度水产养殖产生的残饵和粪便等废物很可能成为刺激近海赤潮增加的因素。

2.3.2 铁离子的转化形态

铁是生态环境中重要的常量元素，主要有 Fe^{2+} 和 Fe^{3+} 两种价态，其存在形态受 pH 和 ORP 的影响。pH 决定 Fe^{2+} 和 Fe^{3+} 各自的化合态分布，而 ORP 则决定着总铁中 Fe^{2+} 和 Fe^{3+} 之间的分配。当 pH < 5 时，Fe^{3+} 的有机络合物比较稳定；当 pH > 6 时，铁离子发生水解进而以铁氧化物的形式沉淀。在含氧水层中，Fe^{3+} 比较稳定，主要形成羟基络合物，以胶体状态存在；在缺氧水层中，Fe^{2+} 比较稳定，主要以矿物形式沉积在水底。

根据水体中 DO 的分布状况，可以将水体自上而下分为好氧带、活性反应带和厌氧带。氧化带与大气相接触，有各种微生物参与，各种物质发生频繁的交换。在氧化带中，化学种类的活动性、pH、ORP 和生物活动性等方面均存在明显的梯度变化。活性反应带位是好氧氧化向厌氧还原的过渡带，在这个区域中 ORP 变化剧烈，是 Fe^{3+} 转化为 Fe^{2+} 的关键地带。水底以厌氧环境为主，铁主要以 Fe^{2+} 形式存在，水体尤其是水体底部溶解性 Fe^{2+} 浓度逐渐增高并累积。在孔隙水和河水交换的过程中，溶解性的 Fe^{2+} 进入水体并向上层水面扩散，在氧化带被氧化成 Fe^{3+}。溶解性的 Fe^{3+} 可以继续向水体上层扩散，不溶性的三价铁氧化物或氢氧化物颗粒下沉进入还原带，其中一部分又被还原成 Fe^{2+}，从而形成一个循环。由此可见，在铁离子的转化过程中，铁离子只是价态、配合形式发生了改变，向上扩散或者向下沉淀，从而将上层的氧气向下传递。

2.3.3 有机物与铁离子的反应

Fe^{3+} 被还原为 Fe^{2+} 的反应中，铁氧化物或氢氧化物的表面过程是控制步骤。第一，有机物与 Fe^{3+} 形成表面络合物，而还原反应速率与表面络合物的浓度成正比。第二，羟基和羧基与 Fe^{3+} 形成 Fe-O 键，在很大程度上改变其 ORP，加快电子的传递。这两种情况都会使有机物浓度的增加，从而加快铁还原反应速率，导致 Fe^{2+} 浓度升高。水体中有机物浓度增加，好氧微生物在分解有机物的同时需要消耗大量的 DO，当耗氧速率大于复氧速率时，水体逐渐处于缺氧或厌氧状态，厌氧微生物占主导地位。

2.3.4 铁离子在微生物作用下的异化还原

铁离子的微生物异化还原是铁还原过程中最为重要的一部分。在厌氧的环境下，微生物可以利用分解有机物过程中传递出来的电子直接将 Fe^{3+} 还原。微生物也可以间接还原 Fe^{3+}，其机理是微生物在代谢过程中产生的还原剂，例如通过硫酸盐还原代谢产生的 H 多具有强烈的还原性，与 Fe^{3+} 反应使之还原。水体中有机物浓度增加，好氧微生物在分解有机物的同时需要消耗大量的 DO，$V_{耗氧} > V_{复氧}$，水体逐渐处于缺氧或厌氧状态，厌氧微生物占主导地位。同时由于厌氧微生物的代谢是不完全的，产生大量高极性、小分子量的挥发性有机物以及 H_2S、NH_3 等物质，经扩散进入表层水并散发到大气中，致使水体发臭。尤其在夏季，水温升高，微生物的活性增强，水体黑臭现象更加明显。

2.4 水体致"臭"的有关因素

根据不同产臭途径和致臭物质，致臭机理大致分为以下 3 种。① H_2S、NH_3 等小分子气体。当水体遭受严重有机物质污染时，有机物好氧分解使得水体中耗氧速率＞复氧速率，造成水体缺氧。在缺氧水体中，产臭过程会与致黑同步，有机物厌氧分解产生甲烷（CH_4）、硫化氢（H_2S）、氨（NH_3）等具有异味易挥发的小分子化合物溢出水面进入大气，因而散发出臭味。②硫醚类化合物。通过对腐殖物质的分析，腐殖酸、富里酸的酸水解产物中得到近 20 种氨基酸和大量游离氨，这些氨基酸在水体中以脱氨基作用、脱羧酸作用以及某些细菌（如变形杆菌分解含硫氨基酸）作用下，产生大量的游离氨臭气的同时，也产生大量具有相当臭味的硫醚类化合物等导致水体发臭。③乔司脒和 2- 二甲基异莰醇。当水体处于厌氧状态或营养盐相对较高时，水体中存在大量放线菌、藻类和真菌，其新陈代谢过程中会分泌多种醇类异臭物质。土臭素，包括乔司脒（Geosmin，$C_{12}H_{22}O$）和 2- 二甲基异莰醇（2-MBI，$C_{11}H_{20}O$），是国内外研究中普遍认为导致水体发臭的主要物质之一。

国内水体黑臭现象最早出现在上海苏州河，随后南京的秦淮河、苏州的外城河、武汉的黄孝河和宁波的内河等均出现不同程度的黑臭现象。近年来，黑臭水体的范围和程度不断加剧，全国大部分城市河段中，流经繁华区域的水体绝大部分受到不同程度的污染，尤其是各大流域的二级与三级支流的黑臭问题更加突出，且劣化程度逐年提高。如 2014 年国家环境质量状况公报的数据表明，淮河干流水质全年都在 IV 类水以上，主要支流的劣 V 类水体超过 23%；各大水系中，海河的劣 V 类水质程度最高，干流劣 V 类达 37%、支流劣 V 类达 44%。水体黑臭现象的产生与 DO 不足有关，引起水体 DO 不足的因素主要集中在以下几个方面。

1. 水体中的污染物和微生物

有机物、NH_3-N 以及含磷物质等污染物导致了水体发臭。有机物主要是糖类、蛋白质、油脂、氨基酸、酯类等，这些物质以悬浮态或溶解态存在于水体中，在一定温度下，其降解的过程中因消耗 DO 造成水体缺氧，厌氧微生物大量繁殖并分解有机物产生臭味气体如 CH_4、H_2S、NH_3 等逸出水面进入大气，使水体发臭。

除此之外，当水体中受到有机碳与有机氮以及有机磷污染物污染时，无论其中是否有充分的 DO，在适合的水温下都将受到放线菌或厌氧微生物的降解，排放出不同种类的发臭物质，引起水体不同程度地发臭。在 19 世纪末，弗兰克兰就提出了放线菌产生霉味的观点，之后 Adams、Cross、Preson 等也对此进行了深层次的研究。Romano 指出，表征水体发臭的指示物质是由底泥中的放线菌在其新陈代谢有机污染物存在下所产生的土臭素和二甲基异莰醇。土臭素的含量可以定量描述水体发臭的程度。Gerber 等也曾通过实验证实由放线菌产生的土臭素可以起发臭。土臭素（乔司眯）的嗅阈值为 1 ~ 10ng/L，二甲基异莰醇的嗅阈值为 5 ~ 10ng/L，极低浓度就能引起强烈的臭味效应。目前，不但确认了放线菌是使水体发生异臭的主要生物之一，还成功将放线菌产生的臭气进行了浓缩和分析。

2. 水体底泥中的腐殖质

通过对水体底泥中腐殖物质的分析，从腐殖酸、黄腐酸的酸化水解产物中得到近 20 种氨基酸和大量游离氯。这些氨基酸在水体中以脱氨基作用、脱羧酸作用以及某些细菌（如变形杆菌）分解含硫氨基酸等多种分解方式，产生大量的游离氯、胺类物质、硫化氢以及具有特殊恶臭的硫醇类物质，这类发臭物质的嗅阈值小，极低浓度能引起强烈的臭味效应。一般认为腐殖酸对于探究水体污染情况的敏感性较强，可以用于表现不同水质的污染程度。

3. 藻类和水生植物

水体中臭味可能来源于藻类和有关水生动植物的代谢产物或分解产物，如藻类在新陈代谢过程中产生的发臭物质能使水体产生异味。几乎水中的所有的浮游性藻类都能产生异臭物，如蓝藻、硅藻、绿藻、金藻、涡鞭藻等。蓝藻是主要的发臭藻类之一，它在水体中极易大量繁殖，产生的臭味也较强烈。现在已经查明富营养化水体中产生臭和味的物质有多种，除 2- 甲基异莰醇、土臭素外，还有 2- 异丁基 -3- 甲氧基吡嗪、2- 异丙基 -3- 甲氧基吡嗪、2，4，6- 三滤茴香醚、三甲基胺等，这几种化合物的嗅阈值也极低。

综上所述，发黑水体中产生臭味的途径很多，以下三种情况可能比较突出：

（1）有机污染物的酚基

一定温度下，有机污染物在厌氧菌作用下发生分解，其中间产物和最终产物中有一系列的 CH_4、H_2S、C_2H_6S 等发臭物质产生，引起水体发臭。

（2）底泥中腐殖质的分解

腐殖质通过多种分解方式，产生大量的 H_2S、NH_3、胺类物质以及具有特殊恶臭的 C_2H_6S 类物质。

（3）厌氧放线菌等微生物的分泌物

合适的温度下，厌氧放线菌等在其新陈代谢过程中能分泌产生土臭素、二甲基异莰醇等嗅阈值极低的恶臭物质。

2.4.1　外源污染物消耗水中氧气

城市河流发生黑臭的主要原因是水体自净能力降低，而外源污染物的过量排入又是导致水环境容量和水体自净能力降低的关键因素。有机污染物随城市污水排入城市河流，水体中有机物含量大幅度升高，随之而来的过程是微生物对有机质的好氧分解，然而，这一过程需要消耗大量的 DO，且水体中易降解性有机物含量越高，对应的耗氧速率也越高，当水体的耗氧速率大于复氧速率时，城市河流的 DO 将逐渐降低，导致水体缺氧，甚至呈现厌氧状态。在此种情况下，厌氧微生物和兼性微生物是城市河流中的优势群体，有机污染物主要发生厌氧分解，产生不同类型的黑臭类化合物，随着这些黑臭化合物在水体的逐步累积，城市河流最终出现发黑发臭等问题。特别地，有些黑臭化合物嗅阈值很低，微量即可使水体产生强烈黑臭。因此，城市河流黑臭现象的直接原因是有机污染物的分解消耗了水体中的 DO，致使其水环境容量逐渐降低，甚至出现负值。

水体"黑臭"是由有机物累积、腐败、水体缺氧造成的，是水体有机污染的一种极端现象，黑臭水体已经成为我国城市普遍存在的环境污染问题。随着城市化的快速推进，城市居住人口激增，人口布局相对集中，造成城市污水处理能力不足，截污治污设施相对落后，加之城市地表径流污染负荷较大，导致大量有机污染物未经妥善处理排入水体。有机污染物主要包括有机碳污染源（COD、BOD）、有机氮污染物（NH_{3-N}）以及含磷化合物，这些污染物主要来自城市污水、污水中的糖类、蛋白质、氨基酸、油脂等有机物的分解，在分解过程中消耗大量的 DO，导致城市水体由好氧状态逐步演变为厌氧状态，厌氧微生物大量繁殖并分解有机物产生大量致黑致臭物质，从而引起水体发黑发臭。大多数有机物富集在水体表面形成有机物膜会破坏正常水气界面交换，从而加剧水体发黑发臭。

大量外源性污染物进入水体是河道黑臭的主要原因。工业废水、生活污水和垃圾、畜禽粪便、农田化肥及各种重金属等都会引起水体黑臭。进入水体中的污染物主要以溶解态悬浮态存在，如糖类、氨基酸、蛋白质、油脂等污染物，这些物质在微生物作用下分解成 CO_2、H_2O 等小分子，此过程需要消耗大量的氧，从而引起水质恶化和黑臭。当水体中受到有机碳、有机氮以及有机磷的污染时，无论水体中是否有充分的 DO，在合适的水温下都会被微生物所降解，排放出不同种类的发臭物质，引起水体不同程度黑臭。

造成外源污染的有关外因无外乎以下因素：

（1）截污治污设施建设滞后于城市开发建设，排污量大且集中。这是造成外源污染的最直接原因之一。快速城镇化带来大量的人口聚集和工业的发展，有的地方工业污水经一般简单处理后和生活污水直接排入城市河道，加上大量垃圾堆积在河道两岸，直接造成水体的污染。即使是经济发达、污水治理水平较高的北京，以清河为例，近年来清河污水处理厂一直在扩建过程中，但清河两岸人口的增长快速，目前仍有 10 万 t/d 以上的污水未经处理直排入河内。

（2）污水管网设施不健全。"十二五"以来，我国大规模建设污水处理厂设施，但在污水管网建设方面相对滞后。美国 2002 年城市排水管网密度平均在 15km/km^2 以上，日本 2004 年城市排水管网密度平均达到 20 ~ 30km/km^2 以上，我国 2014 年统计的城市排水管道密度数据为 1.19km/km^2，差距较为明显。有些镇建成区尚存污水收集系统空白地区，尤其是一些城中村地区。同时，管网质量不高，存在雨污不分流，错接、漏接、混接现象，导致生活污水混入雨水管网排入河道。

（3）水体生态流量不足或者无天然径流。我国水资源开发利用强度加大，不合理的水资源调度和水电开发对生态环境影响突出，中小河流断流现象十分普遍。全国 657 个城市中有 300 多个属于联合国人居环境署评价标准中的"严重缺水"和"缺水"城市。在北方地区，河道流量少，或者是干涸的河流，仅有污水处理厂尾水排放的水体无法满足水体功能要求。在南方的河网水系中，支河多为断头浜。断头浜导致水流不畅，调蓄、输水能力较差，缺少活水措施，水体自净能力较差。

（4）地表径流冲击负荷较大。在国内，有的老城区排水管道系统仍采用合流制，晴天主要输送城市污水，雨天则输送雨污混合污水，当暴雨雨量超过合流管道的设计能力时，过量的雨污混合污水就从合流管道的溢流设施或排水泵站溢流至城市水体中，直接导致水体水质急剧变差。一般情况下，当河流的径污比小于 8：1 时，河水就会污染严重，发生黑臭现象。

（5）水体周边脏、乱、差问题严重。城市滨水地带被大量占用，尤其是老城区和城乡接合部的水体，违章建筑物多，小型服务业多而杂乱，大量棚户区和单位无序分割占用，污水和垃圾直排入河道。

2.4.2 底泥及底质的再悬浮

底泥再悬浮也是导致水体黑臭的重要因素之一。底泥作为城市水体的重要内源污染物，在水力冲刷、人为扰动以及生物活动影响下，引起沉积底泥再悬浮，进而在一系列物理—化学—生物综合作用下，吸附在底泥颗粒上的污染物与孔隙水发生交换，从而向水体中释放污染物，大量悬浮颗粒漂浮在水中，导致水体发黑、发臭；另外大量底泥为微生物提供良好的生存空间，其中放线菌和蓝藻通过代谢作用使得底泥甲烷化、反硝化，导致底泥上浮及水体黑臭。陆桂华等针对太湖地区发生的局部黑臭水体现象，进行实地监测与资料分析，结果表明局部黑臭水体形成区域分布与太湖底部淤泥集中区域位置基本一致，并进一步指出，湖泊中藻类大量繁殖后发生死亡沉降，藻类有机质的大量堆积是底泥的主要成分，也是形成局部黑臭水体的发生基础。

水体污染不仅仅是其水质受到严重污染，而且其底泥的污染也非常严重。底泥是排入水体中各种污染的主要归属之一，有研究指出，在一些污染水体中，底泥中污染物的释放量与外源污染的总量相当。大量污染严重的底泥在物理、化学和生物等一系列作用下，吸附在底泥颗粒上的污染物与孔隙水发生交换，从而向水中释放污染物，造成水体二次污染，导致水体常年黑臭。底泥中 N、P 的释放会引起水体富营养化，底泥厌氧反应造成大量黑臭底泥上浮，这是导致水体发臭的直接原因；大量的底泥也为微生物提供了繁殖的温床，在这些微生物中，放线菌和蓝藻类被认为对水体致臭的贡献最大。沉积在河床底部的污泥，由于水流的冲刷、人为活动以及生物活动，均能发生底泥再悬浮。应太林等在不同扰动下底泥再悬浮对苏州河黑臭的影响研究中，认为随着扰动速度的增加可以加剧河流水质的黑臭程度。表 2.4-1 给出了搅动速度、DO、NH$_3$-N、COD、S^{2-}、Fe^{2+} 和黑臭指数的关系。

不同搅动速度下底泥再悬浮对水体黑臭的影响 表 2.4-1

搅拌速度（r/min）	底泥搅动状况	DO（mg/L）	NH$_3$-N（mg/L）	COD（mg/L）	S^{2-}（mg/L）	Fe^{2+}（mg/L）	黑臭指数
500	无悬浮污泥	3.8	3.83	30.4	15.3	8.4	45
750	细颗粒开始悬浮	3.1	42.1	46.7	18.5	10.1	55
1000	部分搅起	2.7	48.7	50.1	0.1	11.4	68
1200	全部搅起	2.1	52.3	58.3	24.36	13.1	80
1500	全部搅起	1.8	60.2	61.2	29.5	15.2	98

2.4.3 热污染

水体一般在夏季出现黑臭现象比在冬季显著增多，一方面，夏季环境温度高，而微生物活性与水温呈显著正相关性。另一方面，水体中的 DO 含量随着温度的升高而降低。三峡库区生活污水的年平均温度约为 15~20℃，工业废水特别是工业冷却水，温度可能超过 40℃，这类污水排入河道将导致局部甚至整个水体水温升高，增加了微生物的代谢活性，使水中的有机物快速分解，进一步降低 DO，并释放出各种发臭物质。

2.4.4 不利的水动力条件

水动力条件对污染物的迁移、扩散也起着关键性的作用。不利的水动力条件在湖泊富营养化及藻类爆发的过程中起着决定性作用。而对于各种断头河、束水段，其流速缓慢或者几乎不流动，流向、流态呈随机性变化，水体之间的交换紊乱，汇流复杂，会严重影响水体的循环，减小水网的水环境容量，使得水体自净能力减弱，水体复氧能力衰退，引发水体水质恶化。对于感潮河网地区，每天的潮涨潮落使污水受潮流顶托长时间回荡，停留在河道中无法顺利排出，容易产生缺氧造成反复污染，同时从上游挟带的泥沙及各种垃圾就在内河床中沉淀下来，经过日积月累的淤积后较易产生黑臭现象。

2.5 水体黑臭的其他影响因素

1. 上游的水源污染

上游的污染水源对下游的水体有两方面的影响：一是受污染的河道无法通过引用清水来进行恢复；二是已经治理好的河道可能会再次被上游来水所污染，会加剧城市河道的黑臭程度。典型的大区域有上海、淮河流域等。

2. 水系结构不合理

由于城市发展、市政建设或其他历史原因，存在许多断头浜和淤塞河段，水系不能完全沟通。另外，许多排污口和排污沟的存在使相当多的河道水系结构复杂，治理难度加大。

3. 水体功能被异化

由于历史原因，一些大城市的老城区采用合流制或排水管网严重老化，形成雨污混流，加上城市人口增速快，排水管网建设跟不上等原因，使城市周边的部分河道水体功能变化为接纳污水、雨水的通道。

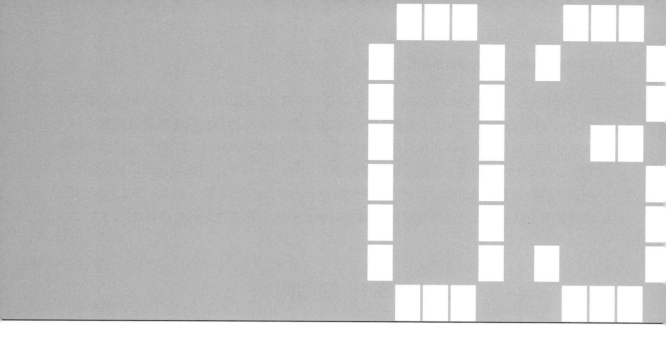

第3章
三峡库区水环境影响因素分析

据统计，2016 年长江流域总体水质良好，Ⅰ 类占 2.7%，Ⅱ 类占 53.5%，Ⅲ 类占 26.1%，Ⅳ 类占 9.6%，Ⅴ 类占 4.5%，劣 Ⅴ 类占 3.5%。三峡库区长江主要支流监测的 24 个地表水基本项目中，9 项指标出现超标，超标率分别为 TN89.5%、TP79.1%、粪大肠菌群 5.7%、COD4.9%、NH_3-N1.3%、高锰酸盐指数 1.5%、五日生化需氧量 0.9%、pH 值 0.3%、阴离子表面活性剂 0.3%。77 个监测断面综合营养状态指数范围为 14.8～79.2，水体处于富营养状态的断面占监测断面总数的 24.0%，中营养状态的占 73.8%，贫营养状态的占 2.2%。

3.1 初期雨水

3.1.1 径流雨水基础研究

雨水自空中降落到地面，并对地面进行冲刷后形成径流，最终排入水体，大气中主要接触到的污染物是尘埃、细菌、酸性物质等，反映到水质中主要是 SS、COD、pH 值等。地表屋面的污染物，成分较复杂，主要是尘埃、有机物、油脂、微生物、汽车轮胎磨损形成的粉尘颗粒，各种化学物质等，国内外学者研究表明，对同一场降雨而言，初期径流雨水中的污染物浓度较高，随着降雨历时的延长主要污染物指标逐渐降低并趋于稳定。

研究表明，对于小而平整的汇水面雨水污染物浓度与降雨历时符合指数形式的冲刷模型，即初期径流污染物浓度随降雨历时呈指数下降。但对于大而复杂的汇水面，由于随机性影响因素多而复杂，雨水污染物浓度的变化规律尚未有统一认识。

3.1.2 路面径流雨水历时变化

研究了悦来新城地块和重庆两江新区照母山科技城地块不同区域、不同下垫面类型径流雨水历时变化，分别以不同下垫面的路面径流雨水和屋面径流雨水及不同区域的径流雨水作为对象进行分析。

悦来新城以 2016 年 5 月 12 日悦融路取样检测结果分析，照母山科技城区域以 9 月 19 日采样重庆市科学技术研究院大门处雨水干管，监测了 COD、TN、TP、SS。悦融路径流雨水随降雨历时变化如图 3.1-1，照母山径流雨水随降雨历时变化如图 3.1-2。结果显示，悦融路雨水干管表现出强烈的冲刷规律，即随降雨的进行，雨水中 COD、TN、TP、SS 浓度均表现出来逐渐降低趋势，TN 和 SS 在降雨约 80min 后浓度趋于稳定，TP 则在降雨 30min 后趋于稳定，COD 在降雨前 30min 逐渐升高，后急速下降。

重庆市科学技术研究院大门外检测结果显示，在降雨进行前 50min，TN、TP 均处在较低水平，而后半小时内浓度上升，到 100min 时浓度恢复到之前水平，这可能与采样雨水干管所收集区域有关，降雨初期为采样点周围的雨水，屋面和路面径流雨水在经过汇集、输送等过程后到达采样点。而 COD 和 SS 则总体表现出略降趋势，但浓度变化波动大。由于管道的汇水面积较大，径流污染物到达取水口的时间不同，离取水口距离近的下垫面污染物经雨水冲刷到达取水口的时间短，相反则时间长。

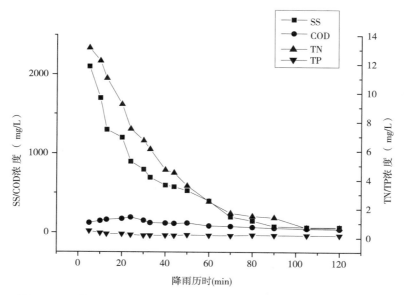

图 3.1-1 5 月 12 日悦融路雨水干管降雨历时 SS、COD、TN、TP 变化

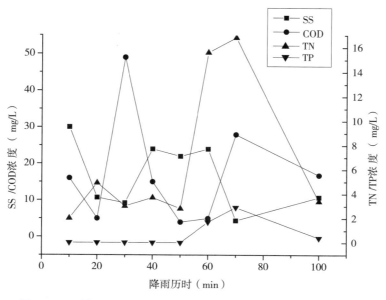

图 3.1-2 9 月 19 日照母山区域降雨历时 TN、TP、SS、COD 变化

3.1.3 屋面径流雨水历时变化

屋面径流雨水采集时间为 10 月 8 日,采样点为重庆市科学技术研究院院内群楼顶,屋面材质混凝土屋顶,采样点见图 3.1-5,10 月 8 日前有零星小雨,但几乎未形成径流,采样监测了 COD、TN、TP、SS 及浊度等指标历时变化如图 3.1-3。结果表明,COD 在降雨初始含量上升,后呈下降至平衡波动规律,约 40min 时达到最高约 85mg/L。可能原因是降雨初期雨量较小,形成径流小,刚开始的径流主要为雨水,在雨水浸润屋顶附着土层后有机物溶出,形成峰值,而后急速降低,稳定后的后期径流 COD 约 20～30mg/L。SS 则主要随降雨进行呈现下降趋势,因为屋面径流雨水中的 SS 主要来自于空气中的尘埃、漂浮物等的沉积,随径流流动性强。

图 3.1-4 中 TN 在径流初期含量较高,随后降低到一定范围内波动,而 TP 则处于较低水平波动;浊度和色度表现出类似变化规律,降雨 60min 时有突然增加趋势,后逐渐降低到一定范围波动。

色度和浊度则表现出较为同步的变化规律,且随降雨历时的进行,均呈总体降低趋势,即随降雨时间的延长,径流雨水中色度和浊度逐渐降低。最高出现在降雨后 60min 左右。对比两个取样地点降雨历时变化规律,发现有较大的不同,这可能与径流雨水的汇流面积有关,不少研究表明,小范围、单一下垫面的径流水质变化小,规律性强,而大范围、下垫面类型多样的雨水径流水质变化大且无规律。

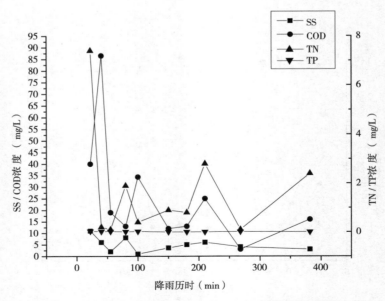

图 3.1-3　10 月 8 日 TN、TP、SS、COD 随降雨历时变化

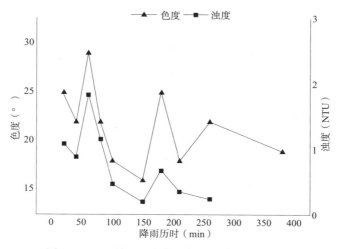

图 3.1-4　10 月 8 日浊度和色度随降雨历时变化

3.1.4　连续降雨径流水质变化

1956 年 Wilkinson 在研究屋面雨水污染时发现雨水径流存在污染物冲刷规律，所谓径流污染物冲刷规律是指降雨对汇水面上污染物的淋洗、冲刷和输送，致使径流中的污染物浓度随降雨历时而变化的一种规律。车伍等人对北京城区的天然雨水、屋面、路面的降雨径流主要污染物浓度随降雨历时变化的大量检测数据进行统计分析，得出了指数形式的雨水径流源头污染物冲刷模型，即随降雨的进行，污染物呈指数下降趋势，后稳定在一定范围。

本试验中，10 月 8 日降雨形成径流冲刷，9 日降雨停止，后 10 日至 12 日连续三天小雨，在四天降雨中，于每日下午 5 时左右同一屋面采样，采样屋面雨水下落管见图 3.1-5，分析了 TN、TP、COD、SS 历时 4 天的降雨中变化情况。图 3.1-6 ~图 3.1-9 显示，TN 和 COD 在波动中呈逐渐小幅增加趋势，COD 甚至高于 8 日当日初次降雨径流后期数值，TN 则与 8 日后期径流相近。这可能是 8 日径流 COD 贡献主要来源于表面的尘埃及吸附在屋面沉泥上的有机物，这部分有机物随降雨的冲刷顺径流而出，而后几天的连续降雨，将屋面上的沉泥浸透，沉泥较深的有机物逐渐溶出。TP 和 SS 则在降雨当天 8 日含量最高，后几天稳定在一定范围波动。

3.1.5　下垫面类型对径流雨水影响

城市不同下垫面产生的径流水质特性不同，主要包括屋面径流、道路径流及绿地径流。但由于绿地土壤具有较强的渗透能力，所以降雨较小时一般不产生径流；即使在降雨强度较大时，由于绿地土壤及草坪植被对径流污染物的截留、过滤、吸附作用，使得绿地径

图 3.1-5　屋面雨水采样点

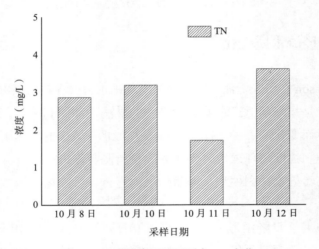

图 3.1-6　连续降雨屋面雨水 TN 变化

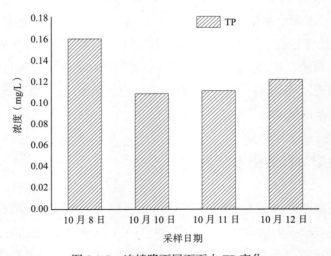

图 3.1-7　连续降雨屋面雨水 TP 变化

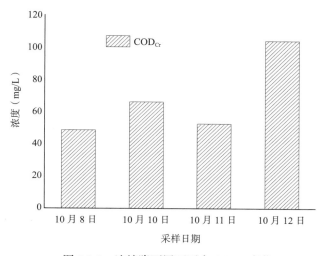

图 3.1-8　连续降雨屋面雨水 CODCr 变化

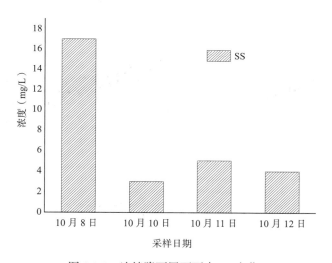

图 3.1-9　连续降雨屋面雨水 SS 变化

流水质优于屋面、道路径流水质。所以国内外对屋面及道路径流水质的研究较多。发达国家对道路和屋面径流水质研究较早，对道路径流水质研究取得的主要成果包括以下方面：污染物的主要成分、含量、相关性及其影响因素，污染物的来源及其迁移过程，道路径流污染物对受纳水体水质的影响，城市道路径流污染控制措施。对屋面径流水质的研究主要在屋面径流初期冲刷效应，不同屋面材料和不同功能区屋面径流水质特征，水质影响因素等。

　　我国对道路和屋面径流水质的研究起步较晚，但近年来已陆续开展了许多相关研究。对道路径流水质的研究主要从径流污染物含量、来源，水质变化规律，水质指标相关性及影响因素这些方面开展，现已取得大量成果。屋面径流污染物主要来源有：降雨对大气污染物的淋洗、降雨径流对屋面沉积物的冲刷、屋面材料自身析出等。因此，屋面径流水质主要影响因素包括大气环境、降雨条件和屋顶材料。本次试验比较两种材质屋顶的位置相邻，大气环境和降雨条件基本相同，不同的是屋顶材料，本实验研究了两种截然不同的典型屋顶材料，一是屋面较光滑的彩钢瓦屋顶，一是普通的混凝土屋顶，如图 3.1-10。

采样时间为 10 月 8 日，降雨开始 30min 左右两个点同时采样，同时采集同一地点自然雨水（即雨水未降落到任何地面）对比分析，地点为重庆市科学技术研究院院内，检测项目为 SS、COD、TN、TP 和浊度，其对比见图 3.1-11 ~图 3.1-13。结果表明，不同材质屋顶和自然雨水之间存在较大差异，彩钢瓦屋顶雨水径流与自然雨水在浊度、TN、TP 差别不大，而在 SS 和 COD 之间有较大差异，这主要与屋顶的材质彩钢瓦的特点有关，因为彩钢瓦表面光滑且处于空中，污染来源主要来自于空气中灰尘，灰尘在光滑的表明附着力小，随降雨初期径流而被冲刷，本次取样在降雨开始 30min 左右，即刚形成径流时段，所以 SS 和 COD 较高。混凝土屋顶的 TN、TP 和 COD 较彩钢瓦屋顶和自然雨水高，而 SS 和浊度则持平甚至更低，这也应该同混凝土屋顶的特点相关。

图 3.1-10 采样对比的不同材质屋顶

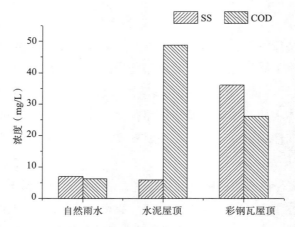

图 3.1-11 不同材质屋顶径流与自然雨水 SS、COD 比较

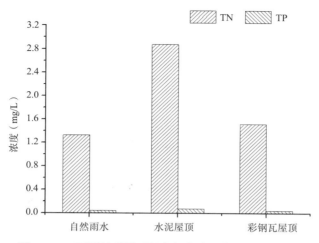

图 3.1-12　不同材质屋顶径流与自然雨水 TN、TP 比较

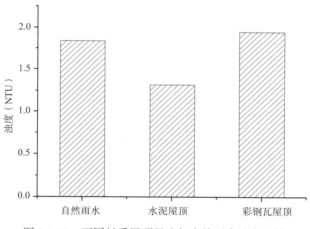

图 3.1-13　不同材质屋顶径流与自然雨水浊度比较

3.1.6　不同区域径流雨水水质比较

本课题研究了不同区域、不同下垫面类型径流雨水水质情况，主要分为城市主干道沥青道路路面、雨水干管、EBD 商业区屋面及住宅区径流雨水。监测了径流雨水的 pH 值、SS、COD、TN、TP 指标，各类型径流雨水水质情况分析总结如下：

城市主干道径流雨水水质：采样地点选择国博中心附近，见图 3.1-14，在近一年的降雨跟踪监测中，各项指标范围如下：pH 值 5.85 ~ 7.12，初期径流雨水中的 SS、COD、TN、TP 浓度可分别达到 602 ~ 2944mg/L、43.58 ~ 103.90mg/L、4.59 ~ 29.44mg/L、0.13 ~ 0.23mg/L，其中，COD、TN、TP 的初始浓度分别是《地表水环境质量标准》GB 3838—2002 中 V 类标准值的 1.09 ~ 2.60 倍、2.30 ~ 14.72 倍和 0.33 ~ 0.57 倍，前期干旱期越长，降雨径流初始污染物浓度越高。径流产生 20min 后，SS、COD、TN、TP 浓度可分别下降到

118~1123mg/L、54~140.26mg/L、2.84~14.18mg/L、0.12~0.16mg/L。在降雨结束的末期径流中，SS、COD、TN、TP浓度分别为68~370mg/L、34~97.91mg/L、2.09~6.82mg/L、0.06~0.11mg/L，其中pH值均在现有雨水利用规范规定范围内，而末期径流TP达到城市污水再生用水规定，其他指标具有较大的波动范围，需进一步净化后利用。

图3.1-14 城市主干道采样点

住宅区径流雨水水质（低密度住宅区）：采样点为鸳鸯橡树澜湾别墅区，见图3.1-15。监测径流雨水水质情况为：pH值6.10~8.17，初期径流中的SS、COD、TN、TP浓度可分别达到112~366mg/L、66.50~116.50mg/L、4.23~8.32mg/L、0.11~0.28mg/L，径流20min后，SS、COD、TN、TP浓度可分别下降到16~106mg/L、24.00~81.50mg/L、0.68~3.97mg/L、0.05~0.14mg/L。在降雨结束的末期径流中，SS、COD、TN、TP浓度分别为17.00~66.00mg/L、19.00~46.5mg/L、0.53~3.54mg/L、0.03~0.11mg/L，其中同样是pH值均符合现有雨水利用规范范围，末期径流部分SS、COD、TN超出《建筑与小区雨水控制及利用工程技术规范》（GB 50400—2006）规定的雨水利用COD和SS限值和景观用水标准，TP则达到污水再生利用标准。因此，此类型下垫面径流雨水需处理后利用。

图3.1-15 低密度住宅区采样点

高密度住宅区：采样点为鸳鸯湖津路，采样点见图3.1-16，降雨径流水质情况：pH值为6.98~9.54，初期径流中的SS、COD、TN、TP浓度分别为193.00~884.00mg/L、

84.00~400.00mg/L、4.00~8.00mg/L、0.20~1.70mg/L，径流产生20min后，SS、COD、TN、TP浓度可分别下降到96.00~133.00mg/L、36.00~330.00mg/L、2.00~4.00mg/L、0.08~0.30mg/L。在降雨结束的末期径流中，SS、COD、TN、TP浓度分别为39.00~96.00mg/L、30.00~300.00mg/L、1.00~4.50mg/L、0.05~0.30mg/L。可见，此类型径流雨水pH值部分超标，后期径流中除TP指标达到污水再生利用标准外其余指标均有部分超标。

图 3.1-16　高密度住宅区

EBD商业区屋面径流雨水水质：采样地点为重庆市科学技术研究院楼顶，见图3.1-17，初期径流中的SS、COD、TN、TP浓度分别20.00~50.00mg/L、40.00~90.00mg/L、3.30~8.20mg/L、0.02~0.35mg/L，后期径流雨水中SS、COD、TN、TP浓度可分别下降到10.00~20.00mg/L、5.00~35.00mg/L、0.20~2.00mg/L、0.02~0.10mg/L。此类型径流雨水除初期径流SS、COD超标外，TN、TP在整个检测期间均未超标城市污水再生利用标准，而后期径流雨水中除COD少部分时间超标外，SS、TN、TP均符合现有规范标准，因此，此类型径流雨水具有低处理成本后回用的可能。

图 3.1-17　EBD商业区屋面径流雨水采样点

3.2　城市污水

3.2.1　生活污水与工业废水

随着我国社会经济的快速发展，城镇化、工业化进程不断推进，城市人口不断增长（我国每年有一千多万人进入城市生活），人民生活水平逐渐提高，使得城市污水的排放量仍然在不断上升，城市污水已经成为主要的污水来源。从我国水资源的构成来看，农业用水占61%，工业用水占24%，城市居民生活用水虽然只占了13%，但却对保障我国经济健康增长、民生改善以及可持续发展至关重要。调查表明，过去十年间全国的用水量由5547.80亿t增至6094.86亿t，增幅达到9.86%，相应地，全国废水排放总量由482.40亿t增至716.18亿t，增幅达到48.46%。根据《长江三峡工程生态与环境监测公报》，2016年三峡库区城镇生活污水排放量为12.12亿t。其中，重庆库区11.72亿t，湖北库区0.40亿t，分别占三峡库区城镇生活污水排放量的96.7%和3.30%。在排放的城镇生活污水中，COD排放量为14.04万t，NH₃-N排放量为2.18万t。详见表3.2-1。

2016年三峡库区生活污水排放统计　　　　　　　　　　表3.2-1

		废水（亿t）	COD（万t）	NH₃-N（万t）
	湖北库区	0.40	0.59	0.11
	重庆库区	11.72	13.45	2.07
	库区合计	12.12	14.04	2.18
其中	重庆主城区	6.60	4.96	0.86
	长寿区	0.48	0.53	0.10
	涪陵区	0.69	0.92	0.15
	万州区	0.96	1.64	0.24

参考西方发达国家的发展历程，城镇化率达到50%以后的一段时期是水污染事件的高发期。2011年，我国城镇化率首次超过了50%，也正是这一时期，各地连续出现多次重大的水污染事件。到2015年底，我国城镇化率达到56.1%，相比中等发达国家的80%左右仍有较大差距，由此可见，随着社会的进一步发展，我国用水量、废水排放量仍将持续增加，特别是生活污水排放量的较快增长可能对水环境的持续改善构成制约。同时，

由于养殖业的发展和化肥的普遍使用，使得废水排放量中的有机物含量显著升高，譬如，COD 由 2002 年的 1367 万 t 增至 2014 年的 2294.60 万 t；此外，TN、TP、POPs（持久性有机污染物）等污染物含量的上升，使得水环境污染问题趋于复杂，这也是大量水体发黑发臭的重要原因之一。

目前，我国工业废水排放的行业分布较为集中，主要来自电力、石化、纺织、造纸和冶金等行业。2015 年底，造纸和纸制品业、化学原料及化学制品制造业、纺织业、煤炭开采和洗选业的工业废水排放占比达 47.10%。据统计，2016 年，三峡库区工业污染源废水排放量 1.36 亿 t。其中，重庆库区 1.15 亿 t，湖北库区 0.21 亿 t，分别占三峡库区工业废水排放量 84.60% 和 15.40%。在排放的工业废水中，COD 排放量为 1.08 万 t，NH$_3$-N 排放量为 0.08 万 t。详见表 3.2-2。

2016 三峡库区工业废水排放统计　　　　　　　　　　　　　　　表 3.2-2

	区域	工业废水（10^8t）	COD（10^8t）	NH$_3$-N（10^8t）
	重庆库区	1.15	0.90	0.06
	湖北库区	0.21	0.17	0.01
	库区合计	1.36	1.08	0.08
其中	重庆主城	0.29	0.17	0.02
	长寿区	0.25	0.14	0.00
	涪陵区	0.15	0.12	0.01
	万州区	0.05	0.08	0.00

随着产业结构的优化和技术的进步，可以预见，未来一段时间我国工业废水排放量将呈逐年下降趋势。尽管工业废水排放量有所减少，但绝对排放量仍然很大。需要注意的是，与生活污水相比，工业废水对城市生态环境的危害更大，主要表现在：工业废水排入河流、湖泊会污染地表水及周边生态环境，引发水体富营养化或黑臭现象，工业废水下渗容易造成土壤污染和地下水污染；若人们在生活中使用了受到工业污染的地表水或地下水，将会危及人类身体健康；此外，工业废水中通常含有一些持久性有机污染物，这些物质易于在动植物体内残留、累积，并可能通过食物链进入人体，危害公众安全。由于相关工业与企业分布较为分散且监管体系建设不到位，只有强化政府监管和推进企业提标升级双管齐下，才能有效遏制不达标工业废水偷排漏排造成的环境污染。由此可见，提高工业用水重复利用率，减少工业废水排放量是很有必要的；同时，还应对工业废水进行妥善处理，逐步实现达标排放。

3.2.2　排水管网建设及污水处理

已有实践表明，在短期内解决城市建成区内的黑臭水体问题是很难实现的，且不可持续。值得注意的是，基本消除黑臭，主要针对感观效果，一些城市提出短期内实现某一类别水环境质量标准的做法，可能是脱离实际和不科学的。专家认为，现阶段解决黑臭水体的压力比较大，部分地区采取一些急功近利的办法，特别是大规模的调水、换水和稀释，结果是今年指标完成了，但是明年水体再次发黑发臭。在城市建成区解决黑臭水体的核心是解决排水管网问题，管网不完善，靠其他方式，就只能是治标不治本。在近期工作和整治成果的基础上，为提高"控源、截污"的有效性，还需要按照"海绵城市"的理念统筹城市水环境问题的解决，构建"源头、过程、系统"相结合的综合体系，系统地进行源头改造（小区和企事业单位内部合流制改分流制与雨污混接改造、源头面源污染和水量控制等）；大力推进排水管网与沿河截流管道治理、建设；有效推进污水处理厂效益提升及分散处理设施建设。人民群众对城市黑臭水体深恶痛绝，而排水系统又是薄弱环节，为此，进一步以排水系统治理、完善为核心，整治城市黑臭水体、巩固、提升整治的成效是全面决胜小康社会的重要任务。

近年来，我国排水管网建设取得了长足的进步，到 2015 年，累计建成排水管道 54 万 km。截至 2014 年，三峡库区累计建成城镇污水处理厂 124 座，其中，湖北库区 24 座，重庆库区 100 座，设计污水处理能力达 252.47 万 t/d。总的来说，与污水处理厂的建设数量和处理能力相比，排水管网建设速度相对滞后。目前，我国已建成的城镇排水管网系统仍然存在一些较为严重和突出的问题，主要表现在以下三个方面。

一是敷设在地下水水位以下的排水管道，由于各类结构性缺陷和排水口不完善，导致大量地下水等外来水渗入管道，加之河流等水体水从排水口倒灌进入管道，造成"清污不分"，导致排水管道的实际流量远大于设计流量。特别是在截流式合流制系统中，这种"清污不分"将直接导致大量混合污水溢流进入自然水体，增加了污染物排放量。同时，也使得城镇污水处理厂原水的污染物浓度低于设计值，进而降低了污水处理系统的运行效率，不能充分发挥城市排水系统应有的排水和治污功能。

二是分流制地区分流不彻底，普遍存在雨水管网和污水管网混接、错接的问题，导致雨水管中有污水，污水管中有雨水，雨水、污水不能"各行其道"，导致部分污水经过雨水管道直排入河。

三是敷设在地下水水位以上的排水管道，污水外渗成为污染地下水和土壤的重要因素之一。这一系列问题如果不进行有效整治，久而久之，就会出现排水口"常流水"和城市道路塌陷以及水体发黑发臭等问题。

因此，2015 年住房和城乡建设部颁布的《城市黑臭水体整治工作指南》（简称"指南"），把"控源截污"作为整治的根本措施。然而，当前一些城市由于排水口、排水管道与检查井建设和维护不当，导致大量地下水等外来水通过排水口、管道和检查井的各种结构性缺陷进入排水管道中，加上雨污混接和污水直排，削弱了"控源截污"应有的作用，成为制约黑臭水体整治的瓶颈。针对这一系列问题，2016年住房和城乡建设部颁布了《城市黑臭水体整治—排水口、管道及检查井治理技术指南（试行）》，明确提出"黑臭在水里，根源在岸上，关键在排口，核心在管网"，进一步指导各地政府科学实施黑臭水体整治工作。

3.3　船舶污水

船舶污水总体可分为生活污水和含油污水两大类。生活污水包括黑水和灰水（厨房灰水、洗涤灰水）；含油污水包括舱底油污水、油舱压载水、洗舱水。由于船舶生活污水与城市污水明显不同，我国对于船舶生活污水的排放，有相应的规定。我国内河最高允许生活污水排放浓度为：COD不大于50mg/L、悬浮物不大于150mg/L、大肠菌群不大于250个/100mL。当船舶生活污水排放超标时，会产生许多危害，消耗水中溶解的氧气、产生赤潮，危及鱼类和大多数水生物的生存，产生难闻气味，导致环境不美观，影响底栖生物，使水生生物抵抗力下降，产量降低，水体食物链和人类水生食物中混入致癌物质。相关研究表明，长江上有约20万条船舶常年运营，每年产生的含油废水、生活污水达3.6亿t。如不削减和遏制污水直排，将对长江生态环境构成严重威胁。

长江船舶污水不规范排放是导致长江水质污染、生态损害的元凶之一。其产生的原因主要有三点：

一是环境监管责任主体不明确，多头管理船舶污水问题突出。长江船舶污水监管有部门规章规定，但没有具体法律制度遵循。长江各江段适用不同法规，海事、水产、环保等部门都有权责监管，长江海事部门和地方海事部门又是干支流分段把守，导致部门主体责任不明确，致使单位协同监管不力。长江船舶污水监管存在空白，污水不规范处置行为时有发生。

二是船舶污水防治能力不强。长江上少有新型环保船舶航行，多是老旧落后船只运载。船舶配套污水处理装置不完善，少有岸上接纳污水处理设施。岸电工程跟不上航运业发展，供给侧不能完全满足船舶需要。船舶油料用量过度，轮机日夜不停运转，产生含油污的水量大，污水排放不达标现象严重。

三是企业和船员环境意识较差。一些企业没有承担船舶污水防治责任，没有防污规章制度和相关记载。大多数船员，特别是轮机长、水手长等关键船员，未受过环境保护教育培训，了解船舶污水防治技术知识，任意使用不达标油料或含磷洗涤用品，防污装置闲置，随意或恶意排放船舶污水，导致江水污染、生态损害。

船舶污水的排放特征与船舶排放或产生的其他物质，如船舶垃圾、船上生活废水、噪声、废气等的排放特征有共同点，主要是船舶直接或处理后排放。具体特征如下：

一是排放时间多为夜间和排放点偏僻。船员在选择非法排放船舶污染物时，为避开海事管理部门的监管，在时间上，多选择夜间或较恶劣的能见度不良的天气；在地点上，一般选择港外或监管力量薄弱的偏僻航段。简言之，白天不排夜间排，停泊不排航行排，港内不排港外排。

二是所造成的污染具有流动性，危害易扩散，监管难度大。若不经合格的滤油设备处理而直排入水体的舱底油污水，由于水流的流动性，船舶的随机游动性，很可能会污染多个水域，危害易扩散，尤其是污染面涉及多个部门的管辖区域，因而造成污染治理的诸多不便。船舶的随机游动很难有规律可循，对敏感区域的影响结果也不断变化，导致对敏感区的监管难度加大。

三是违规排放行为是一种特殊的环境侵权行为，侵权关系复杂。超过规定浓度的舱底油污水由于船员的原因进入水体，此违规排放行为表现为人的主观故意或过失。在这种侵权行为关系中，与船舶污染有关的人为侵权人，包括船舶所有人、船舶经营人、船舶租赁人和对环境污染事件负有直接责任的人员等，污染受害人为沿岸政府、居民、渔民和企业等。通过对舱底油污水的排放行为特征的分析，有利于深入了解该行为，也有助于探索出针对性的监管方法约束此类行为。

2016年，库区船舶机舱油污水达标排放率为88.50%。从船舶类型看，拖船、客船、非运输船和货船达标排放率分别为100%、98.20%、92.30%和86.60%。与2015年相比，拖船含油污水达标排放率无变化，客船和非运输船含油污水达标排放率分别上升1.8%和5.8%，货船含油污水达标排放率下降0.30%。2016年，库区船舶油污水产生量为30.21万吨，处理率为97.90%，处理后达标排放量26.96万t。处理后达标排放率为89.20%。从船舶类型看，货船、客船、非运输船和拖船含油污水的产生量分别为21.06万t、4.57万t、4.56万t和0.02万t。与2015年相比，船舶油污水产生量减少了9.19万t，达标排放率降低了1.2个百分点。在排放的含油污水中，石油类排放量26.42t，比上年减少11.48t。

2016年，对50艘船舶生活污水排放情况进行了调查。其中，生活污水经过处理排放的船舶46艘，悬浮物、COD、五日生化需氧量、TP、TN和大肠菌群的达标排放率分别为100.00%、91.30%、97.80%、52.20%、78.30%和97.80%。与上年相比，船舶生活污水处理装置的处理效率有所提高。根据库区各类船舶数量、生活污水产生量、水运客运量、船员人数、船舶运行时间和不同吨位船舶比例等进行估算，2016年库区船舶生活污水产生量约为277.30万t，比2015年减少了94.40万t。船舶生活污水中悬浮物、COD、BOD_5、TN和TP排放量分别为422.70t、290.30t、268.40t、153.90t和52.00t。详见表3.3-1。

表 3.3-1

2016 三峡库区船舶污水排放统计

船舶				油污水				石油类	
类型	数量（艘）	生产量（万 t）	比例	处理量（万 t）	处理率	达标排放量（万 t）	达标率	排放量（t）	比例
客船	1583	4.57	15.10%	4.57	100.00%	4.49	98.20%	1.11	4.20%
货船	2514	21.06	69.70%	20.43	97.0%	18.24	86.60%	19.56	74.00%
拖船	62	0.02	0.10%	0.02	100.00%	0.02	100.00%	0.00	0.00%
非运输船	1703	4.56	15.10%	4.56	100.00%	4.21	92.30%	5.75	21.80%
合计	5862	30.21	100.0%	29.58	97.9%	26.96	89.20%	26.42	100.00%

3.4　底泥影响

　　底泥是土壤圈物质迁移转化的重要因素。底泥的 pH 值呈弱碱性，适合于中性或是耐碱的植物。

　　底泥有机质含量总体上属于适中的水平，长江有机质介于 3.23% ~ 3.55%，嘉陵江有机质介于 3.22% ~ 3.48%，均接近一般土壤含量。

　　长江底泥 TN 含量介于 0.32% ~ 0.35% 之间，达到土壤养分一级标准，嘉陵江中底泥 TN 含量介于 0.29% ~ 0.30%，也达到了土壤养分一级标准，说明底泥中氮充足，作为绿地用途，不需要再额外施加氮肥。长江断面和嘉陵江断面底泥中速效氮、速效磷、速效钾达到三级标准，说明底泥中含有丰富的磷、钾元素可以满足作为绿地用途的要求。总溶解盐含量没有达到盐土范围，对植物生长没有影响。

3.4.1　底泥中重金属测定结果与分析

　　本研究采用单因子指数的方法，对长江疏浚底泥中重金属进行评价，其中单因子污染指数表达式：$P_i=C_i/S_i$。P_i 为土壤中 i 污染物的污染指数，C_i 为 i 污染物的实测浓度（mg/kg），S_i 为 i 污染物的平均值或背景值（mg/kg），实测长江与嘉陵江底泥中重金属 Cu、Zn、Pb 的含量及评价结果见表 3.4-1 ~ 表 3.4-3 所示。

样品中重金属 Cu 含量（mg/kg） 表 3.4-1

编号	①	②	③	④	⑤	⑥	⑦	⑧	⑨	⑩
含量	15.65	25.56	18.78	30.87	65.56	79.11	125.92	111.23	101.23	198.10
P_i	0.21	0.33	0.24	0.40	0.85	1.03	1.63	1.44	1.31	2.56
污染等级	清洁	清洁	清洁	清洁	清洁	轻污染	轻污染	轻污染	轻污染	中污染

样品中重金属 Zn 含量（mg/kg） 表 3.4-2

编号	①	②	③	④	⑤	⑥	⑦	⑧	⑨	⑩
含量	10.04	7.56	9.98	45.87	118.81	67.01	87.01	98.12	56.01	66.12
P_i	0.17	0.13	0.17	0.81	2.1	1.18	1.53	1.73	0.98	1.16
污染等级	清洁	清洁	清洁	清洁	中污染	轻污染	轻污染	轻污染	清洁	轻污染

样品中重金属 Pb 含量（mg/kg） 表 3.4-3

编号	①	②	③	④	⑤	⑥	⑦	⑧	⑨	⑩
含量	9.54	7.23	10.87	7.98	10.34	34.76	20.87	47.21	44.32	22.01
P_i	0.44	0.33	0.51	0.38	0.48	1.65	0.98	2.24	2.11	1.05
污染等级	清洁	清洁	清洁	清洁	清洁	轻污染	清洁	中污染	中污染	轻污染

注：①~④为嘉陵江断面取样，⑤~⑩长江断面取样

从表 3.4-2 中看出，嘉陵江中对 Zn 取样的 4 个样品均清洁，没有受到 Zn 重金属的污染。在长江中取样 6 个样品中⑥、⑦、⑧、⑨、⑩轻度污染，⑤中度污染，须加以修复以后再加以利用。

从表 3.4-3 中看出，嘉陵江中重金属 Pb 4 个样品清洁，没有受到重金属 Pb 污染。长江中取样 6 样品⑥、⑩轻度污染，⑧、⑨中度污染，须处理后加以利用。

底泥中重金属 Cu 从表 3.4-1 中可以看出，取样点⑥、⑦、⑧、⑨样品轻污染，⑩样品中污染。主要污染元素为 Cu，Pb、Zn，其含量与重庆市土壤背景值相差不大，重金属污染程度综合排序为 Cu>Zn>Pb，各重金属含量都是在 70 ~ 90cm 底泥深度之间达到最大值。而且张兴梅等发现重金属含量从峡库区重庆主城区段研究区域的上游至下游逐渐增加，与重庆市土壤背景值比较，嘉陵江、长江段、汇合处下游的长江段均有某些点位的 Pb、Zn、Cu 含量超标。

因底泥富含氮磷钾等营养元素，底泥颗粒疏松，空隙多，比较适合植物生长，未被严重污染的底泥可以直接作为绿地用土。而长江疏浚底泥中重金属含量偏高，须经修复后加以利用，建议采用植物修复，种植些对重金属 Cu 有比较强的富集能力的植物，比如

小叶黄杨，它的根部对 Cu 的富集能力很强。

表 3.4-4 列出了底泥样品理化性质与评价结果。

重庆长江、嘉陵江段底泥样品理化性质与评价 表 3.4-4

指标	长江	嘉陵江	结果与评价
pH	7.35% ~ 7.65%	7.24% ~ 7.57%	pH 呈碱性
有机质	3.23% ~ 3.55%	3.22% ~ 3.48%	一般土壤有机质含量 2.5% ~ 4.5%，达到土壤二级标准
N	0.32% ~ 0.35%	0.29% ~ 0.30%	>0.3 土壤含氮量丰富，达到土壤养分一级标准
速效氮	93.21% ~ 113.23%	92.43% ~ 101%	达到土壤养分三级标准
P	0.48% ~ 0.52%	0.5% ~ 0.51%	我国土壤一般为 0.04% ~ 0.25%
速效磷	10.78% ~ 13.67%	10.21% ~ 11.32%	达到土壤养分三级标准
总钾	1.21% ~ 1.34%	1.19% ~ 1.21%	我国土壤一般在 2% 左右
速效钾	105.12% ~ 121.21%	100.01% ~ 113.19%	达到土壤三级标准
溶解盐	0.23%	0.21%	未达到对植物生长影响范围
含水率	42.3%	42.1%	未达到对植物生长影响范围

三峡库区水体和底泥特殊污染物 PAHs（多环芳烃）和 PAEs（邻苯二甲酸酯）二者均表现出显著的时空分布特性。放水期（6 月）时，干、支流水体 ΣPAHs 平均浓度均为高于蓄水期（12 月），而干流底泥相反。蓄水期时，干流水体中 ΣPAEs 平均浓度高于放水期，而干流底泥相反。

库区水体和底泥中 PAHs 的主要来源为煤焦油挥发、石油源等工业产品废料；三峡库区水体中 PAHs 以 2 ~ 3 环和 4 环为主，主要来源于煤和生物质燃烧以及石油。底泥中以 4 环和 5 ~ 6 环为主，可能是因为环数较小的 PAHs 溶解度较大，不容易沉积到底部；而环数大的 PAHs 疏水性强，更容易被底泥吸附。PAEs 在三峡库区广泛存在。库区水体和底泥中 PAEs 的主要来源为塑料和重化工工业以及生活垃圾；底泥中 ΣPAEs 平均浓度在干流高于支流，放水期显著高于蓄水期。

三峡库区水体和底泥中的 DEHP 和 DBP 是主要污染物，且水体和底泥中的 DEHP 浓度高于 PAE 类污染物。采样点水体中 DEHP 和 DBP 浓度均低于国家《地表水环境质量标准》GB 3838—2002 的限值（8000ng/L 和 3000ng/L），底泥中 DEHP 和 DBP 的含量分别为 201.80 ~ 3278.46ng/g 和 36.60 ~ 1796.30ng/g。

3.4.2 不同因素对底泥的影响

种植相应对重金属有富集作用的植物，可减少底泥中相对应的重金属含量。一般在绿化植物中,植物物种的不同、品种的不同,对于重金属的富集能力有差异,一般相差 3 ~ 10 倍。相比之下,多数草是耐高浓度金属的。

杨丹等利用疏浚底泥作为绿萝、吊兰、吊竹梅、花叶万年青 4 种植物盆栽土壤,模拟 4 种植物对重金属的富集效果。研究结果显示,绿萝、吊兰、吊竹梅、花叶万年青对于重金属 Cu 的积累能力均高于一般植物;另外,绿萝对于重金属 Zn 和 Cd 的积累能力、吊兰对于 Cd 的积累能力也高于一般植物。4 种植物对 Pb 的积累都集中在根部,这与棕竹、宛田红花油茶、地瓜榕,以及剑麻、波斯菊、鸢尾等园林植物积累 Pb 主要在根部的研究结果类似。绿萝、吊兰、吊竹梅、花叶万年青等 4 种植物都不满足重金属富集植物特征,但 4 种植物对各种重金属均表现出了一定的富集效果;种植绿萝、吊兰、吊竹梅和花叶万年青后,底泥中 Cu、Zn、Cd、Pb 含量均有不同程度的降低;4 种植物对河道疏浚底泥中 Cu 的修复效率为 22.10% ~ 55.30%。

研究发现,疏浚底泥不仅可以作为绿色用土,还可制作底泥砖。在低底泥掺杂量下,采用页岩与煤矸石混料作为辅料可以保证底泥砖的强度与实用价值;而在相对较高的底泥掺杂量下,采用页岩作为辅料可以提高底泥砖的强度,提高底泥砖的使用价值。

河道底泥中的重金属含量受到排入河道的污水种类(影响较大)、河流水质、清淤频率以及河水流速等因素的影响,重金属在水力作用下沉积于底泥中,最终使河道底泥中的重金属不断累积。化工、冶金、电镀等行业的工业废水是河道底泥中 Cu、Pb、Ni、Cr 重金属的主要来源。贾伟东等根据河道的底泥环境许可容量分析,发现 Ni 金属对底泥掺杂量起主要限制作用,并且底泥中的 Ni 金属以潜在利用态与有效态为主。

COD、TN、TP、NH$_3$-N 的释放量随着水体扰动增强而增加,影响程度 COD>TN>TP>NH$_3$-N。随着 DO 含量的增加而减少,影响程度 TN>TP>COD>NH$_3$-N。低溶解氧的吸附速率小于高溶解氧的吸附速率,是因为厌氧能促进底泥中磷的释放,而在自然条件和好氧条件下,底泥对磷的吸附能力和吸附速率得到提升,呈现磷被抑制释放的态势。

环境因子(如 pH,温度,DO 等)和底泥中污染物的释放—吸收作用有一定的关系,但关系差异明显。在库区水体 pH=6 ~ 8(中性条件下),底泥污染物排放量最小,有很好的抑制效果。此时上覆水中 TP 的浓度随着 pH 值的增大而减小,pH 值越大吸附速率递减的速率越快(在 pH=7 时,磷的吸附速率最大),而在偏酸性的上覆水中磷的活性比偏碱性的上覆水高,但酸性条件下底泥吸附磷的速率较碱性条件下低。姜延熊等发现黏土矿物的可变电荷对磷的吸附有一定影响,而黏土的可变电荷变化受上覆水中 pH 的影响。

关于磷在添加锆改性沸石的重污染河道吸收—释放机理研究,何思琪等发现锆改性沸石既可以钝化底泥中潜在可移动态磷和生物有效磷,达到减少底泥中磷向间隙水中释放的目的;又可以通过锆改性沸石的吸附作用直接去除间隙水中的磷,而间隙水中磷浓度的降低,会降低间隙水和上覆水之间磷的浓度梯度,进而降低了底泥—水界面磷扩散通量。

　　温度（一定范围内）升高，微生物代谢增强，有机物分解速率加快，能将底泥中营养物质转化为氮磷释放到上覆水中，使氮磷含量增加。温度降低，微生物代谢减弱，释放到上覆水体中的氮磷量减少。

　　因此底泥疏浚较宜条件为：应尽量避免对水体、底泥的大强度扰动，富氧状态，库区水体 pH 值大致呈中性，此时底泥疏浚能减少底泥中的污染物释放而降低水体二次污染的程度。

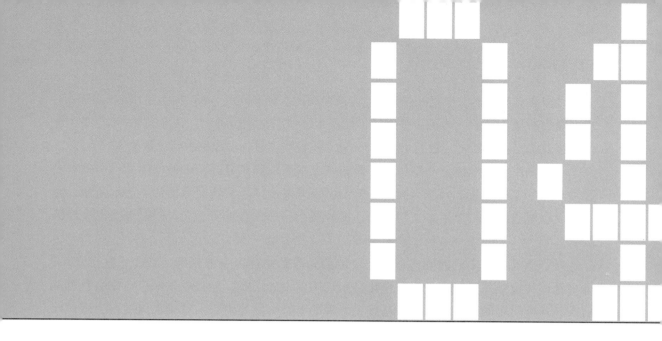

第 4 章
三峡库区水环境的治理措施

城市黑臭水体是人民反映强烈的、普遍存在的水环境问题，不仅损害了城市人居环境，也严重影响城市形象。为积极推进城市黑臭水体或黑臭河道整治，截至 2016 年年底，全国地级及以上城市陆续实施了 1285 个黑臭水体整治项目，占黑臭水体总数的 62.4%。

消除城市黑臭水体，需要构建完善的城市水系统和区域健康水循环体系，从根本上改善和修复城市水生态环境。因此，整治城市黑臭水体，实现河道清洁、河水清澈、河岸美丽，对于促进城市生态文明建设、提升城市品质具有重要意义，同时也能促进经济发展。

为了能够在有限的时间内，最大可能消除导致水体黑臭的根源，必须重视排水口、排水管道和检查井的治理。要在强化排水管网建设的同时，加强对排水口、排水管道及检查井各类问题的排查。并在此基础上，采取有针对性的措施，对排水口进行治理，杜绝污水直排，治理水体倒灌；对各类排水管道及检查井存在的结构性缺陷进行修复和混接点改造，减少地下水等外来水进入排水系统，减少雨污混接。只有这样，才能够真正体现"控源截污"的内涵。

城市黑臭水体整治技术的选择应遵循"适用性、综合性、经济性、长效性和安全性"原则。回顾国内外城市黑臭水体治理的实际工程案例，可以发现，城市黑臭水体整治可以采用的技术措施非常多，技术原理和应用形式也各不相同。《指南》根据各种技术的功能将其划分为四类。

1. 控源截污技术。即防止外来的各种污水、污染物等直接或随雨水排入城市水体，主要包括截污纳管和城市面源污染控制两项技术，其中最有效的措施就是铺设污水管道收集污水。控源截污是城市黑臭水体治理的根本措施，也是采取其他技术措施的前提，但实施起来难度大、周期长，需要城市规划建设整体统筹考虑。

2. 内源控制技术。顾名思义，内源就是水体"内部"的污染物，通过清淤和打捞等措施清除水中的底泥、垃圾、生物残体等固态污染物，实现内源污染的控制。

3. 生态修复技术。即通过生态和生物净化措施，消除水中的溶解性污染物。比如，通过曝气向水中增加氧气，促进水中的各种好氧微生物"吃掉"有机污染物。还可以通过种植水生植物吸收水中的氮磷等污染物。其包括对原有硬化河（湖）岸带的修复技术，利用人工湿地、生态浮岛、水生植物的生态净化技术以及人工增氧技术。

4. 活水循环等其他技术。这类技术是通过向城市黑臭水体中补入清洁水，促进水的流动和污染物的稀释、扩散与分解。清水补给措施既可以作为一种临时措施，也可以作为一种水质维持的长效措施。清水的来源包括地表水和城市再生水，其中城市再生水是污水经过多重处理后达到景观利用标准的回用水，利用这种水符合资源循环利用的原则，对于北方缺水城市尤其重要。包括就地处理和旁路处理技术，即把城市黑臭水净化后再进入水体，适用于不具备截污条件时的城市黑臭水体治理，也适用于突发性水体黑臭事件的应急处理。

4.1 针对雨水的治理措施

海绵城市建设与黑臭水体的治理在理念和建设途径上有许多共同之处，海绵城市和黑臭水体整治可在具体项目中共同建设，互相促进。雨水径流量控制是海绵城市建设的重要元素，一般通过自然水体、多功能调蓄水体，或人工措施构建调蓄池作为控制径流量的途径。利用需消除黑臭的水体构建天然雨水调蓄池，可以解决海绵城市建设中专用雨水调蓄设施用地困难的问题。

城市黑臭水体治理中要求在全面消除黑臭的同时、多渠道科学开辟补水水源、改善水动力条件，修复水生态系统，提升水体自然净化能力，实现城市水环境持续改善，并长效保持。

海绵城市建设中采用各种低影响开发技术，对初期雨水面源污染控制与黑臭水体中"控源截污"的要求完全一致。低影响开发雨水系统的年 SS 总量去除率一般可达40% ~ 60%，从而减轻了水体污染负荷。发挥海绵城市建设的作用，强化城市降雨径流的滞蓄和净化，补给水体，增加水体流动性和环境容量，是黑臭水体经治理后，实现长效性的必要措施。黑臭水体治理中采用人工湿地、生态堤岸等措施，也是海绵城市建设中生态恢复及保护的方法。

李骏飞等采用海绵城市建设理念，结合黑臭水体治理手段，建设了雨水收集系统、净化系统、湿地处理和水生态修复系统、雨水调蓄及渗透系统等，将鸭涌河建设成为兼具恢复生态水体、雨水调蓄渗透、连接粤澳绿色走廊等多功能的城市景观河流，取得了显著的环境效益。综上所述，海绵城市建设与黑臭水体治理对径流污染控制、雨水调蓄利用、水生态保护等方面有共同的建设需求，因此在具体项目建设中，将二者有机结合，既可以节约工程费用，又可以最大限度地发挥工程效益。

4.1.1 透水铺装

透水铺装属于海绵城市理念下一种重要的源控制技术。通常采用铺设透水砖、透水沥青、鹅卵石、嵌草砖、碎石等透水铺装材料或以传统材料保留缝隙的方式进行铺装而形成的透水型地面，采用保留缝隙的方式进行铺装时，镂空面积应 ≥ 40%。该技术措施适用区域广、施工方便，可补充地下水，并具有一定的峰值流量削减和雨水净化作用。目前，透水铺装系统已广泛应用于公园、停车场、人行道、广场、轻载道路等区域。透水铺装系统的主要作用是收集、储存、处理雨水径流，进而通过渗透补充地下含水层，这对提升城市整体的水文调蓄功能具有重要意义。

在结构上透水铺装应符合《透水砖路面技术规程》CJJ/T 188—2012、《透水沥青路面技术规程》CJJ/T 190—2012 和《透水水泥混凝土路面技术规程》CJJ/T 135—2009 等规定，透水砖的透水系数、外观质量、尺寸偏差、力学性能、物理性能等应符合现行行业标准《透水砖路面技术规程》CJJ/T 188—2012 的规定。透水砖的强度等级应通过设计确定，面层应与周围环境相协调，其砖型选择、铺装形式由设计人员根据铺装场所及功能要求确定。透水砖材料及构造应满足透水速率高、保水性强、减缓蒸发、便于清洁维护、可重复循环使用的生态要求。土基应稳定、密实、均质，应具有足够的强度、稳定性、抗变形能力和耐久性，土基压实度不应低于《城镇道路路基设计规范》CJJ 194—2013 的要求。典型透水砖铺装剖面图和实景图如图 4.1-1 和图 4.1-2 所示。

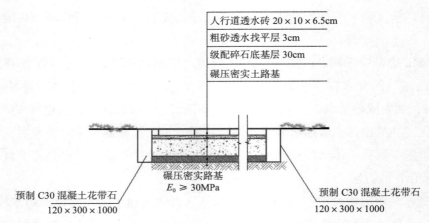

图 4.1-1 典型透水砖铺装剖面图

图 4.1-2 典型透水铺装实景图

山地海绵城市建设使用透水铺装技术措施时，要采取必要的措施防止次生灾害或地下水污染的发生。如易造成坍塌和滑坡的陡坡区域，湿陷性黄土、膨胀土和高含盐土等特殊土壤地质区域，以及加油站及码头等径流污染严重区域。

4.1.2　绿色屋顶

　　绿色屋顶也称种植屋面、屋顶绿化等，指在不与自然土层相连接的各类建筑物、构筑物等的顶部以及天台、露台上的绿化。该技术措施适用于符合屋顶荷载、防水等条件的平屋顶建筑和坡度 ≤ 15° 的坡屋顶建筑，可有效减少屋面径流总量和径流污染负荷，具有节能减排的作用，但对屋顶荷载、防水、坡度、空间条件等有严格要求。

　　根据种植基质深度和景观复杂程度，绿色屋顶又分为简单式和花园式。基质深度根据植物需求及屋顶荷载确定，简单式绿色屋顶的基质深度一般不大于150mm，花园式绿色屋顶在种植乔木时基质深度可超过600mm，绿色屋顶的设计可参考《种植屋面工程技术规程》JGJ 155—2013。典型绿色屋顶剖面图和实景图如图 4.1-3 和图 4.1-4 所示。

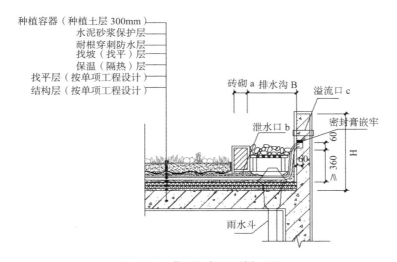

图 4.1-3　典型绿色屋顶剖面图

图 4.1-4　绿色屋顶实景图

4.1.3　下沉式绿地

下沉式绿地指低于周边铺砌地面或道路在 200mm 以内的绿地，具有一定的调蓄容积，且可用于调蓄和净化径流雨水的绿地。下沉式绿地可汇集周围硬化地表产生的雨水径流，利用植被、土壤、微生物的综合作用，截留和净化小流量雨水径流，超过其蓄渗容量的雨水经雨水口排入雨水管网。不仅可以起到削减径流量、减轻城市洪涝灾害的作用，而且下渗的雨水能够增加土壤含水量进而减少绿地浇灌用水量，还有利于地下水的涵养。下沉式绿地广泛应用于城市建筑与小区、道路和广场内。

下沉式绿地的下凹深度可根据植物耐淹性能和土壤渗透性能确定，一般为 100～200mm。同时应设置溢流口（如雨水口），保证暴雨时径流的溢流排放，溢流口顶部标高一般应高于绿地 50～100mm。典型下沉式绿地剖面图如图 4.1-5 所示。

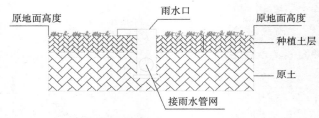

图 4.1-5　典型下沉式绿地剖面图

下沉式绿地适用区域广，其建设费用和维护费用均较低，但大面积应用时，易受地形等条件的影响，实际调蓄容积较小。下沉式绿地对于径流污染严重、设施底部渗透面距离季节性最高地下水位或岩石层小于 1m 及距离建筑物基础小于 3m（水平距离）的区域，应采取必要的措施防止次生灾害的发生。典型下沉式绿地实景图如图 4.1-6 和图 4.1-7 所示。

4.1.4　生物滞留设施

生物滞留设施是指在地势较低的区域，通过植物、土壤和微生物系统蓄渗、净化径流雨水的设施，主要收集相邻车行道、人行道的径流雨水，其剖面从上至下为持水区、碎石阻隔带、种植土壤层、砂滤层、卵石层。适用于一般建筑与小区内建筑、道路及停车场的周边绿地，以及城市道路绿化带等城市绿地内。对于径流污染严重、设施底部渗透面距离季节性最高地下水位或岩石层小于 1m 及距离建筑物基础小于 3m（水平距离）的区域，可采用底部防渗的复杂型生物滞留设施。

图 4.1-6　典型下沉式绿地实景图

图 4.1-7　典型下沉式绿地实景图

典型生物滞留设施剖面图如图 4.1-8 所示。

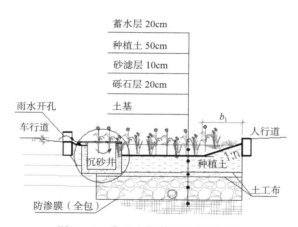

图 4.1-8　典型生物滞留设施剖面图

山地城市坡度较大，故生物滞留设施应用于道路绿化带时，应考虑道路纵坡影响，应设置挡水堰 / 台坎，以减缓流速并增加雨水渗透量，设施靠近路基部分应进行防渗处理，防止对道路路基稳定性造成影响。当最小纵坡为 ≤ 2% 的道路纵坡时，生物滞留带可不设挡水堰，每隔 10m 通过种植土的局部凸起使生物滞留带形成逐级微蓄水单元；道路纵坡为 2% ~ 7% 时，采用阶梯状雨水生物滞留带；道路坡度 ≥ 7% 时，设置阶梯跌落生物滞留带，挡水堰每隔 5m 布置，为加强保水，在两个挡水堰之间设置小型挡水堰，堰顶与砂滤层相平。

典型道路生物滞留带系统流程如图 4.1-9 所示，具体为：道路雨水经过路沿侧壁雨水孔流入沉砂井，再经沉砂井雨水箅溢出，然后流经卵石区实现均匀布水和再次过滤，最后汇入种植区，利用种植区植物、土壤和微生物系统的联合作用净化雨水，净化后的雨水经盲管收集排入现有市政雨水系统；当雨水量超过生物滞留带的容量时，超量雨水经雨水溢流口直接排至现有市政雨水系统。

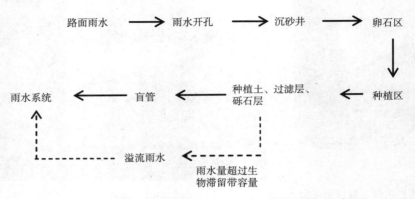

图 4.1-9　典型道路生物滞留带系统流程图

生物滞留设施形式多样、适用区域广、易与景观结合、径流控制效果好、建设费用与维护费用较低；但地下水位与岩石层较高、土壤渗透性能差、地形较陡的地区，应采取必要的换土、防渗、设置阶梯等措施避免次生灾害的发生，这样将增加建设费用。

典型生物滞留带实景图如图 4.1-10 所示。

图 4.1-10　典型生物滞留带实景图

4.1.5　持水花园

持水花园主要布置在生物滞留带的下游，道路交叉口处部分路段单独设置持水花园。持水花园主要负责收集和处理上游生物滞留带溢流转输的径流雨水，及其本身沿线相邻车行道及人行道的径流雨水。持水花园较生物滞留带有更大的蓄水和水质处理能力，持水区内的"蛇形"导流廊道能有效延缓径流流速，有利于径流携带的污染物在持水区内及时沉淀或被植物拦截。超出设计水量的雨水，将通过持水花园末端的溢流口溢流至雨水检查井，进而通过持水花园出水管排至市政雨水管道系统。

典型持水花园实景图如图 4.1-11 所示。

图 4.1-11　典型持水花园实景图

4.1.6　雨水花园

雨水花园是指利用土壤、植物等对雨水进行渗透和过滤，使雨水得到净化的同时被滞留以减少径流量的工程设施。山地海绵城市小区的雨水花园具有调节雨洪、水质净化、雨水资源利用、恢复水循环等作用。

为削减小区的径流污染，在小区草坪的低洼处、避开综合管线（尤其是燃气和重力流管线）建设雨水花园。雨水花园与建筑物四周的雨水排水沟联通，收集屋面雨水及雨水花园四周的绿地、道路排水，进行滞留、缓排、蒸发及植物净化，有利于提高污染负荷去除率和径流总量控制率。典型雨水花园剖面图实景图如图 4.1-12、图 4.1-13 和图 4.1-14 所示。

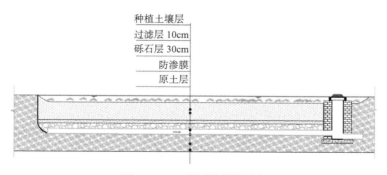

图 4.1-12　雨水花园剖面图

图 4.1-13　雨水花园实景图 1

图 4.1-14　雨水花园实景图 2

4.1.7　雨水塘

雨水塘有时可结合绿地、开放空间等场地条件设计为多功能调蓄水体，即平时发挥正常的景观及休闲、娱乐功能，暴雨发生时发挥调蓄功能，实现土地资源的多功能利用。

雨水塘一般由进水口、前置塘、主塘、溢流出水口、护坡及驳岸、维护通道等构成。雨水塘应满足以下要求：

（1）进水口和溢流出水口应设置碎石、消能坎等消能设施，防止水流冲刷和侵蚀。

（2）前置塘为雨水塘的预处理设施，起到沉淀径流中大颗粒污染物的作用；池底一般为混凝土或块石结构，便于清淤；前置塘应设置清淤通道及防护设施，驳岸形式宜为生态软驳岸，边坡坡度（垂直∶水平）一般为 1∶2 ~ 1∶8；前置塘沉泥区容积应根据清淤周期和所汇入径流雨水的 SS 污染物负荷确定。

（3）主塘一般包括常水位以下的永久容积和储存容积。永久容积水深一般为 0.8 ~ 2.5m；储存容积一般根据所在区域相关规划提出的"单位面积控制容积"确定；具有峰值流量削减功能的雨水塘还包括调节容积，调节容积应在 24 ~ 48h 内排空；主塘与前置塘间宜设置水生植物种植区（雨水湿地），主塘驳岸宜为生态软驳岸，边坡坡度（垂直∶水平）不宜大于 1 : 6。

（4）溢流出水口包括溢流竖管和溢洪道。排水能力应根据下游雨水管渠或超标雨水径流排放系统的排水能力确定。

（5）雨水塘应设置护栏、警示牌等安全防护与警示措施。

适用性：雨水塘适用于建筑与小区、城市绿地、广场等具有空间条件的场地。

优缺点：雨水塘可有效削减较大区域的径流总量、径流污染和峰值流量，是城市内涝防治系统的重要组成部分；但对场地条件要求较严格，建设和维护费用高。

典型雨水塘如图 4.1-15。

图 4.1-15　雨水塘

4.1.8　调蓄池

雨水调蓄作为一种滞洪和控制雨水污染的手段，在全世界范围内得到广泛使用。调蓄池最初仅作为暂时储存过多雨水的设施，常利用天然的池塘或洼地等储水。随着人们对雨水洪灾和面源污染的认识日益深刻，调蓄池的功能和形式逐渐多样化。按其在工程上的用途，调蓄池主要分为三类：洪峰流量调节、面源污染控制和雨水利用，在山地海绵城市小区建设中能有效控制年径流排放率，并实现雨水资源化利用。调蓄池在排水系统中可以处于末端或者中间，调蓄池剖面图可见图 4.1-16，另外在雨水调蓄池的建造中还会运用到跌水井来减缓雨水的流速，从而使雨水中的污染物在这个过程中沉淀一些，如图 4.1-17 的 4 级跌水景观。

4.1.9　植草沟

植草沟指种有植被的地表沟渠，可收集、输送和排放径流雨水，通过重力流收集雨水径流，对非渗透性下垫面的径流具有水量削减和水质净化作用，可用于衔接其他各单

图 4.1-16 调蓄池剖面图

图 4.1-17 4 级跌水景观

项设施、城市雨水管渠系统和超标雨水径流排放系统。除转输型植草沟外，还包括渗透型的干式植草沟及常有水的湿式植草沟，可分别提高径流总量和径流污染控制效果。该技术措施适用于建筑与小区内道路、广场、停车场等不透水面的周边，城市道路及城市绿地等区域，也可作为生物滞留设施、湿地等低影响开发设施的预处理设施。植草沟也可与雨水管渠联合应用，场地条件允许且不影响安全的情况下也可代替雨水管渠。

植草沟易与景观结合，其浅沟断面形式宜采用倒抛物线形、三角形或梯形。边坡坡度（垂直：水平）不宜大于 1 ∶ 3，纵坡不应大于 4%。纵坡较大时宜设置为阶梯型植草沟或在中途设置消能台坎。最大流速应小于 0.8m/s，曼宁系数宜为 0.2 ~ 0.3。转输型植草沟内植被高度宜控制在 100 ~ 200mm。

典型植草沟实景图如图 4.1-18 和图 4.1-19。

图 4.1-18　植草沟实景图 1

图 4.1-19　植草沟实景图 2

4.2　针对污水的治理措施

4.2.1　完善城市排水管网

　　城市黑臭水体的治理，首先应因地制宜地选择排水体制，排水体制的规划建设应综合统筹城市污水处理厂、海绵城市等规划与建设情况。对直接排入水体的污染点源应采取截污措施，完善污水收集系统，实现全收集、全处理，并排查管网错接、漏接。

针对雨量丰沛的新城区，应当实行分流制排水体制；溢流式合流制排水系统要逐渐改造为完全合流制的排水系统，逐步封堵直接排放河道的溢流口。针对采用了分流制排水系统的城市，经济允许条件下可逐步通过设置蓄水池、雨水罐等储存设施收集、处理和利用径流雨水，控制污染和合理利用雨洪。干旱和半干旱的地区，在城市污水管网及污水处理厂建设较为完善的条件下，可采用合流制充分利用管道和储存设施截留超出污水处理厂处理能力的污水，降雨后混合污水在污水处理厂中得到充分处理，从而降低雨季污染负荷。

黑臭水体多处于老城区，地下管线基本成型，地面建筑拥挤，路面狭窄，如若采用分流制，存在上游雨污水分离不彻底、投资大、施工困难等诸多现实问题，因此在选择排水体制时，不能过分依赖分流制来解决，考虑到现实的因素，一般很多城市，在相当长的一段时间内，多数老城区排水体制仍是处于合流制和分流制并存的状态。

对老旧城区，多采用截流式合流制的方式，即一般采用沿河岸或湖岸布置溢流控制装置，利用原有合流管并沿河道两侧敷设污水截流管的形式收集污水，具体做法是在污水截流干管前设置截流井，截流干管的管径根据旱流污水量和截流倍数确定，理论上使旱季污水及初期雨水进入污水截流干管，当雨水量的增加超过了截流干管的输水能力时，多余的水包括部分污水与雨水溢流进入河道。这种排水体制在各地老城区截流污水的具体实施中已取得了一定的成效，它充分利用原有的合流管，避免了大量复杂、艰难的处理工作，既减少了在城市道路上敷设污水管对道路交通及周围居民生活的影响，又节约了大量投资，解决了初期雨水的污染问题，并且易于实施，在一定时期内和一些地区不失为一种较好的污水收集形式。

除进一步规范合流制排水系统外，在实施过程中，可通过以下途径进一步提升控源截污效果：

（1）在分流制条件下，考虑到不可避免存在雨污混接现象，末端设置雨水泵房的情况下，可在雨水泵房内增设旱流污水泵，在旱季时，可通过启动污水泵提升到污水管，消除雨水系统旱天排江现象。

（2）设置初期雨水调蓄池。原有合流制系统全部改造为分流制系统难度较大时，可适当提高截流倍数，或设置初期雨水调蓄池，如上海苏州河沿线设置雨水调蓄池，对减少排江溢流量及排江污染具有较好的效果。

（3）构建海绵城市系统。城市面源污染主要来源于雨水径流中含有的污染物，通过渗透设施、滞留设施，可对暴雨径流进行有效控制以减少合流污水溢流的发生，同时水体周边垃圾的清理是面源污染控制的重要措施。

（4）积极采用污水收集新技术。针对传统重力管道收集较为困难的老城区，可考虑室外负压抽吸污水收集等新技术。该收集系统利用负压抽吸原理，一个或若干个住户或区域设置一个污水收集井，在收集井底部与水封抽吸管相连，在水封抽吸管下部形成水封，在负压站内负压驱动下，污水从水封管抽吸管进入负压收集管道。采用该技术管道可以利用浅埋方式，减少施工工程量，经过实践验证，对老旧城区的污水收集具有较好的效果。

（5）加强管网的运行状态监测和控制，特别是对主干管截流井的水位、流量及溢流水质进行实时监测，及时了解截流井内的运行状态，同时通过截流井阀门的调节等措施控制初期雨水截流量。

4.2.2 点源污染控制

城市黑臭水体的点源污染主要包括城市居民生活污水、工业污水、规模化畜禽养殖污染等，针对点源污染可采用以下措施进行控制：

（1）污水处理厂尾水达标排放

城市居民的生活污水应采取集中处理方式，出水稳定达标并满足受纳水体的水环境功能区及水环境容量的控制要求；对出水水质要求优于一级A标准的，可选用膜生物反应器（MBR）、活性污泥法（二级）＋曝气生物滤池、人工湿地深度处理等工艺。

（2）工业园区与城市污水的排放标准应逐步并轨

对于难降解的污染物可采取高级氧化法等处理工艺；对于高盐废水可采取膜分离（反渗透、正渗透）＋多效蒸发等组合工艺。鼓励企业实施清洁生产和再生水回用，必要时可增加高级氧化、吸附、膜技术等强化处理单元，提高出水水质。

（3）养殖废水和畜禽粪便的综合处理和利用

规模化畜禽养殖场废水应达标排放，鼓励畜禽养殖实施粪尿分离、雨污分离、固体粪便堆肥处理利用、污水就地处理等生态化改造和粪污资源化利用。可采用脱氮除磷效率高的"厌氧＋兼氧"生物处理工艺进行达标处理。

（4）截污纳管

截污纳管适用性广，已成为城市黑臭河道治理基础性工程，但必须与道路、河道、堤坝的建设同时进行，且其系统性强，毛细管、支管、主管成网配套才能发挥作用。针对城市郊区水体周边的饭店、宾馆、旅游景点、农家乐等分散直排的单位，修建截污管道，将其纳入城镇污水处理厂或自建污水处理设施处理后排放或回用。新建项目应截污纳管，原则上不允许新增排污口；对现有的排污口进行综合整治，按照回用优先、集中处理、搬迁归并、调整入水体方式等原则分类制定排污口整治方案。此外，针对城乡接合部区域，要统筹城乡建设，生活垃圾进行源头分类与资源化利用；距离城镇污水管网较近的地区，污水应集中纳管；距离城镇污水管网较远的区域应就地处理与资源化利用；针对土地紧张地区，可采取埋地式污水处理装置。

4.2.3 污水处理的提标改造

1. 污水厂提标改造的必要性

（1）国家及地方政府政策要求

随着我国城市化进程及工业的加速发展，环保问题，特别是城市污水处理问题已成为各国研究的热点。然而随着大量的生活与工业污水流入江河、湖泊或地下水中，水体污染日益严重，进而对渔业用水、生活用水等产生影响。城市污水污染已成为制约国家发展的重要因素之一，因此国家对污水处理厂的排放标准也愈发严格。

2002 年《城镇污水处理厂污染物排放标准》GB 18918—2002 颁布实施以来，我国城镇污水厂数量不断增长；污水处理率也由 2002 年的 30% 左右提高到 2015 年的 90% 左右。自 2015 年 "水十条" 及《城镇污水处理厂污染物排放标准》（征求意见稿）的发布，对污水处理设施实行一级 A 标准提出了时间要求，提出敏感区域城镇污水处理设施应于 2017 年底前全面达到一级 A 排放标准。随后越来越多的城市污水处理厂为响应国家节能减排号召，排放标准由原来的《城镇污水处理厂污染物排放标准》GB 18918—2002 中的一级 B 标准提升为一级 A 标准或者更高标准。《城镇污水处理厂污染物排放标准》（征求意见稿）规定，城镇污水处理厂出水排入国家和省确定的重点流域及湖泊、水库等封闭、半封闭水域时，执行一级 A 标准。在新要求、高标准之下，污水处理厂提标改造成为必然，也将迎来提标改造的高峰。

（2）水环境污染问题严峻

水环境污染问题和水资源短缺，让各地污水处理厂提标改造工作更为迫切。从我国河流的水污染现状来看，中国七大水系的国家环境监测网的地表水监测断面中，满足生活饮用水水源地水质标准的 I~III 类断面已经只有 41%，而劣 V 类河流断面已经达到了 27%。从我国湖泊的水环境质量现状来看，28 个国家控制重点湖（库）中 43% 的湖库为劣 V 类水，并且湖（库）的富营养化问题日益严重。从我国海洋水环境质量现状来看，我国近岸海域污染状况仍未得到改善，局部水域污染严重。从地下水水质状况来看，地下水污染存在加重趋势的城市数量仍然在增加。

因此，控制和提高污水排放指标可以在一定程度上缓解地表河流及湖泊的污染问题，对改善我国水环境现状有着重大的意义。

（3）老旧污水厂生产运行的限制

①设备老化且年久失修

在长期的运行过程中，由于没有进行妥善的维护和管理，致使很多污水处理厂的设备存在不同程度的损坏，严重地影响到污水处理工作。各种原因导致了设备的老化，无法正常运转，从而导致污水厂出水达不到污水处理的相关标准。

②处理能力和处理要求不匹配

很多城市的污水处理厂在设计阶段没有考虑到城市发展以后的状况，所以在设施的处理量方面没有预留出足够的处理量，无法满足现有的处理指标。尤其是在现阶段对于水质的要求逐渐提高，所以应该对老旧的污水处理厂进行更新扩容改造。

2. 污水厂提标改造的目的

（1）提高出水水质

污水处理厂出水水质应根据排入受纳水体的环境功能要求，水体上下游用途及水体稀释和自净能力等，使出水口水质符合国家或地方有关标准。当排入封闭或半封闭水体（包括湖泊、水库、江河入海口）时，为防止富营养化发生，应注意控制出水中 TN 和 TP 的浓度。由于水资源严重不足，各城市都在积极推广污水回用，二级处理后出水作为回用水输送至用户时，应根据用户对水质的要求及国家或地方的相关标准等控制污水处理厂出水水质。

（2）增加处理水量

随着国内大部分城市经济和城市建设的高速发展，部分污水处理厂存在污水处理能力不足的现象，这就要求污水厂在原有的基础上进行改造，以达到扩容的目的，这种现象多发生于城市建设较快的区域。

以西南地区发展较快的城市成都为例，成都市中心城区现有九座污水处理厂，处理规模共计 134 万 m^3/d，截至 2014 年 6 月，实际处理污水量为 154.61 万 m^3/d，同时污水管网及厂站存在较严重的未处理污水溢流问题，对城市水环境造成较大危害。成都市七座污水处理厂均已满负荷运行。这就要求成都市在原有污水处理厂的工艺基础上进一步改造，从而满足处理水量对其的要求。

（3）提高污泥资源化

选择技术工艺方案时应同时考虑污染和污泥综合利用。随着污水处理设施的完善，污泥产量呈增加的趋势，特别是大型污水处理厂，污泥的处置已成沉重的包袱，因此污泥利用也逐渐受到重视。在达到稳定化、无害化标准的前提下，优先考虑制肥，利用于农田或绿化，或可作建筑材料及能源物质。为此污泥利用也要进行用户需求和市场调查。

3. 污水厂改造原则

在对已建成的污水处理厂进行改造时，首先应采用能够保证处理要求和处理效果的技术合理、成熟可靠的处理工艺。同时可结合处理厂所在城市的具体情况和工程性质，积极稳妥地采用污水处理新技术和新工艺，但对在国内首次选用的新工艺、新技术，必须经过中试或生产性实验，提供可靠的改造参数后方可采用。对现有污水处理厂升级改造时有以下三个原则：

（1）工程造价低，省能耗，省运行费及占地少。

（2）运行管理简单，控制环节少，易于操作。

（3）因地制宜，结合处理厂所在地区特点，污水处理可分期、分级实施。

4. 水厂改造常见标准

（1）低于一级 B 提升至一级 B。

（2）一级 B 提升至一级 A。

（3）一级 A 提升至类地表水 IV 标准。

5. 污水厂改造常见措施

（1）按来水水质

根据污水处理厂来水水质的不同，可以划分为以下两种污水处理厂：一种是以处理居民生活用水为主的污水处理厂，另一种是处理工业废水为主的污水处理厂。前者常见于城市的各处，主要是为了满足人们日常生活需要，后者多见于城市化工园区内，其受纳水体多为经过简单处理后的工业出水。

① 城镇居民生活用水为主

从污水厂来水水质上看，该类污水处理厂来水水质较为常规，COD、NH_3-N、BOD_5、TN、TP、SS 等指标无较大项，此类水体采用一般的常规污水处理方法即可满足其出水要求。污水厂提高排水标准后，原水厂采用的常规工艺出水可能存在个别指标达不到新标准或个别指标部分天数达不到新标准的情况。针对这种情况，可对执行新标准后原水厂出水超标的某些指标进行局部改造。

若出水指标 SS、NH_3-N 超标，则可通过加大格栅精度、设置初沉池、适当增加曝气量等手段在水厂原有工艺技术条件上改造；若出水指标中的 COD、BOD_5 超标，则说明出水中的有机物含量仍然高于排放标准值，此时需要进一步降低水体中有机物含量，常通过增加生物处理的方式提高对有机物的去除，一般常用 MBR 工艺、MBBR 工艺或改良后的氧化沟工艺，必要时增加高效滤池进一步提高出水水质，使其满足出水要求。若出水指标中 TN、TP 超标，则可通过增大碳源及其他药剂的投加量来增加对该项的去除效果，或者在污水厂原有的工艺基础上增加反硝化工艺，改良高效滤池，通过合理控制滤池的运行参数对水体中的 N、P 进行有效去除。

② 工业废水为主

此类污水处理厂多见于城市内的化工园区附近，其受纳水体中的各项指标受工厂出水影响较大。一般情况下，污水处理厂来水水质存在某项指标超高的情况，如 COD、TN、TP 中的某项指标或某两项指标超高，这就要求污水处理厂对某项指标具有特别高的去除效果，此时水厂的改造无常规工艺，视具体情况而定。

以江苏省某城镇污水处理厂改造为例，其受纳水体中工业废水占比 80% 以上，在原污水处理厂运行过程中，存在水厂进水可生化性差，出水波动频繁的问题。其改造工程在原有处理工艺上采用仿酶催化技术进行深度处理，出水的实际运行监测结果表明，出水水质可稳定达到 GB 18918—2002 中一级 A 排放标准，其中深度处理单元对 COD 的总体去除率达到 84.62%。

针对上述问题，结合污水厂现状，对水厂进行改造。在二沉池末端，D 型滤池前段增设深度处理单元，保障出水稳定达标；深度处理采用仿酶催化"反应沉淀"废水深度处理技术（使有机污染物分子羧基化，后发生络合反应，最后进行固液分离）和接触絮凝沉淀水处理技术（进一步沉淀）。改造后，经过一段时间的调试运行，污水处理厂生化单元 COD 去除效率达到 56.07%，其深度处理平均去除率达到 84.62%，满足出水一级 A 标准的改造要求，提高了 COD 的总体去除率，为高比例工业污水厂提标改造提供参考。

（2）按主要的去除效果

①以去除 COD 为主

若出水指标中的 COD、BOD_5 超标，则说明出水中的有机物含量仍然高于排放标准值，此时需要进一步降低水体中有机物含量，常通过增加生物处理的方式提高对有机物的去除，一般常用 MBR 工艺、MBBR 工艺或改良后的氧化沟工艺，必要时增加高效滤池进一步提高出水水质，使其满足出水要求。

采用 MBR 工艺作为主体工艺，用膜组件替换了传统二沉池和深度处理部分，能较多地节地。为保证 TN 去除效果，常在生物反应池末端增设后置缺氧段。

改良后的氧化沟工艺主要是在原氧化沟工艺基础上，将其改造成以 A^2/O 工艺为特征的工艺流程。一般将现况氧化沟划分出功能区独立的缺氧区和好氧区，在好氧区与缺氧区之间设置了好氧 / 缺氧可调节段，有时为增加对 TN、TP 的去除效果，在好氧池末端设置后置反硝化区。

② 以去除氮磷为主

若出水指标中 TN、TP 超标，则可通过增大碳源及其他药剂的投加量提高对该项的去除效果，或者在污水厂原有的工艺基础上增加反硝化工艺，改良高效滤池，通过合理控制滤池的运行参数对水体中的 N、P 进行有效去除。

（3）污水厂升级改造 3 大主流措施

① MBR 工艺改造

主要流程：粗格栅→泵房→细格栅→沉砂池→膜格栅→ MBR 池→消毒→出水。

该工艺在预处理需增加膜格栅，细格栅设备也将更换；MBR 池前段实际上为 A^2/O 生化池，后段为膜池，另外配置套膜处理设备间。生化池的污泥浓度由常规的 3 ~ 4g/L 提升到 8 ~ 10g/L，污泥回流方式和回流比均发生较大变化。TN，NH_3-N，COD_{Cr} 和 BOD_5 的去除基本在生化池完成；同时，出水的 SS 趋近于 0，因此，只要前面通过生物除磷和有效的化学除磷，出水 TP 也能达标排放。

目前北京北小河污水厂（10 万 m^3/d）、北京槐房污水处理厂（60 万 m^3/d，地下式）、广州京溪污水处理厂（10 万 m^3/d，地下式）、成都第三、四、五、八厂提标扩能改造工程（75 万 m^3/d）、无锡硕放、梅村、新城污水处理厂均采用该工艺。其中成都三、四、五、八厂由于是改造项目，对 TN 限值仍为 15mg/L。

② MBBR 工艺改造

主要流程：粗格栅→泵房→细格栅→沉砂池→流动床生物膜生化池（MBBR 池）→二沉池→高密沉淀池→滤池→消毒→出水。

该工艺对预处理不做改造，在现有的生化池好氧区增加生物填料，该生物填料的比重与水接近，具有有效面积大和适合微生物生长的特点。其填充率为 30% ~ 50%。该工艺具有容积负荷高，节省用地，污泥浓度可达到 6 ~ 8g/L；同时具有耐冲击负荷强、性能稳定、运行可靠、工艺灵活方便等特点，可较好地与原有系统相结合。后续的高密沉淀池则利用接触絮凝的原理，去除 SS，可以保证 SS 长期稳定低于 5mg/L，从而减少 TP 的排放。滤池作为最后一道保证措施，采用高效滤池或砂滤池均能满足出水要求。

目前达州第一污水厂升级改造工程（8 万 m³/d）、无锡芦村污水处理厂（20 万 m³/d）、青岛李村河污水处理厂升级改造工程（17 万 m³/d）均采用该工艺。

③在现有工艺基础上改造

主要流程：粗格栅→泵房→细格栅→沉砂池→多模式 A²/O 工艺→二沉池→高密沉淀池→反硝化深床滤池→消毒→出水。

该工艺对预处理不做改造，将现有的氧化沟改造为多模式 A²/O 工艺，同时补充碳源、调整分隔、增加缺氧区的容积及回流污泥比等措施，使生化池出水的 TN，NH_3-N，COD_{Cr} 和 BOD_5 达标。后续增加的高密沉淀池主要用于去除 SS 和 TP，后置反硝化深床滤池主要目的是去除 TN，也可以作为最后一道保障措施，去除出水中 SS 和 TP，在此条件下，滤池滤料的容积需满足反硝化滤池的需要，滤速也不宜过高（一般在 6 ~ 8m/h），过高的滤速对去除 SS 和 TP 不太有利，需要在原设计基础上降低滤速，以确保出水水质的稳定达标。

4.3 底泥疏浚措施

4.3.1 底泥疏浚概述

如今，很多河流、湖泊、水库的水底土壤被污染，重金属、营养盐和其他化学成分的含量超出了正常允许值。这些污染物沉积在底泥中，成为江河湖库内污染源，导致水环境治理难度增大。多种研究表明，在外污染源被切断和治理后，底泥中的污染物会缓慢地以低浓度方式不断释放、补充水体中的污染物浓度，进而污染水体。所以，从改善水环境的角度出发，清除水体内源污染的底泥疏浚措施不仅必要，而且十分迫切，并因其较高的技术要求而备受关注。

底泥疏浚是采用水力或机械方法挖掘水下的土石方，并进行输移处理的一种工程措施。底泥疏浚工程主要工艺系统包括底泥疏挖系统、底泥输送系统、底泥脱水固化系统、底泥堆场系统、辅助系统等。

根据疏浚目的不同，疏浚可分为工程疏浚和环保疏浚，工程疏浚主要为某种工程的需要，如提高江河泄洪能力、改善通航条件、增加湖库调蓄库容等；环保疏浚主要是为了改善水体环境，其目的是通过底泥的疏挖去除湖泊底泥所含的污染物，清除污染水体的内源，减少底泥污染物向水体的释放，改善江河湖库水体环境，为进一步修复污染水体创造内在条件，也为水生生态系统的恢复提供有利环境。对于单纯以提高泄流能力或增加湖库调蓄库容为主要目的的工程疏浚，其疏浚技术要求相对简单，实施起来比较容易。而对以改善水环境为目的的疏浚即环保疏浚，则相应的技术要求比较高。

环保疏浚工程在国内外已经得到广泛运用。为了控制内源污染，我国的太湖、西湖、滇池等大规模湖泊以及一些水库如石门子水库、山美水库等都进行过底泥环保疏浚工程；美国在伊利湖和安大略湖南部、荷兰在 Ketelmeer 湖和 Geerplas 湖、匈牙利在 Balaton 湖、瑞典在 Trummen 湖等湖泊也进行了较大规模的湖底疏浚。以上这些疏浚工程（有些在其他工程治理措施的配合下）多数立即改善了疏浚水域的污染状况。

目前，长江三峡航道回水区底泥淤积情况十分严重，同时，点源污染和面源污染问题的共同作用使得三峡库区周围水体污染物进入三峡库区，随着时间的推移，污染物进入底泥造成库区底泥淤积与污染并存。若采用传统的工程疏浚方式将引起底泥的再悬浮导致底泥向水体释放污染物，造成水体富营养化。因此，急需一种合理、切实可行的环保疏浚施工技术以减少底泥污染物向水体的释放，实现航道疏浚与环保效益并存。

4.3.2 底泥的环保疏浚设计

为改善三峡库区水体环境，工程中引入了环保疏浚。以期实现在航道疏浚工程中，将常规施工中的疏挖行为与生态重建、水土护理、资源利用和环境整治等环保内容相结合，通过综合治理，最终实现去除航道水域内淤积段污染源，并创造有利于水体生态恢复条件的双重目标的疏浚方式。为了达到上述效果，在环保疏浚工艺中，除了疏浚方案要严格制定（一般包括疏浚区域、疏浚深度等的确定），重点还要对疏浚设备进行相应的设计改造。

进行了环保改造后的挖泥船是目前底泥疏浚工程中运用最多的设备，并且船上都会配备 DGPS 系统。而环保改造一般就是对常规挖泥船进行以下几个方面的改造：

（1）绞吸式挖泥船

主要是把常规铰刀头改造成环保铰刀头，目前主要有 4 种：①带罩式环保铰刀；②立式圆盘环保铰刀；③螺旋环保铰刀；④刮扫吸头。

（2）链斗式挖泥船

主要对链斗架进行改造。斗架上部为封闭式，泥斗上装设排气阀，使斗入水后斗中空气自行排出以消除产生混浊的危险。

（3）抓斗式挖泥船

主要是把抓斗改为封闭抓斗，使疏挖时不泄漏污泥。

（4）铲斗式挖泥船

在普通铲斗上增加一活动罩，使污泥封闭在铲斗内，在提升铲斗时污泥不流出。

在实际工程应用中，绞吸式挖泥船和抓斗式挖泥船比较常见。如滇池草海底泥疏挖工程中采用了 1 艘海狸 600 环保型绞吸船、2 艘改造普通海狸 1600 环保型绞吸船、1 艘普通国产 120m³/h 改造型绞吸船、1 艘改造国产 120m³/h 环保型绞吸船；还有西湖底泥疏浚工程中采用了荷兰 IHC 海狸 750 环保型绞吸式挖泥船；武汉水果湖环保疏浚工程中采用的是芬兰产的 Water Classic 绞吸式挖泥船，又比如在苏州河底泥疏浚工程中，对抓斗挖泥船的抓斗进行了环保改造，采用焊接钢板封堵抓斗两侧缝隙及减小斗上开口面积；在东钱湖底泥疏浚工程中，对人类活动较为频繁的湖岸带浅水区，由于垃圾等杂物较多，选用 0.75m³ 抓斗式挖泥船进行疏浚。对于三峡库区也是采用了绞吸式和抓斗式疏浚设备，并且进行了针对性的设计改造。

1. 绞吸式疏浚设备

（1）试验设计

试验中模型铰刀的主要几何参数为长度 $L_m=25mm$，铰刀直径 $D_m=20mm$，刀片螺旋角 $\gamma_m=7.5°$，铰刀圆锥角 $\beta_m=16°$。主要运动参数为铰刀转速 40r/min，铰刀横移速度 0.2m/min。分别采用普通铰刀、螺旋铰刀以及加装防扩散装置的普通铰刀和螺旋铰刀（如图 4.3-1 所示）进行疏浚模拟试验。考察疏浚点周围上覆水中营养盐氮、COD 等污染物浓度的变化情况，对比分析各种疏浚设备的环保性能。

（a）螺旋铰刀

（b）普通铰刀

（c）带罩螺旋铰刀

（d）带罩普通铰刀

图 4.3-1　四种不同结构形式的铰刀

为分析底泥污染物释放规律，根据营养盐氮的累积释放量，通过下式计算营养盐氮的释放率 M（$g/m^3 \cdot h$）。

$$M=（R_i-R_{i-1}）/n \tag{4-1}$$

（2）试验结果与分析

①不同铰刀结构的环保效益

普通铰刀和螺旋铰刀条件下，疏浚点周围污染物不同时间内累积释放量如图 4.3.2 所示。

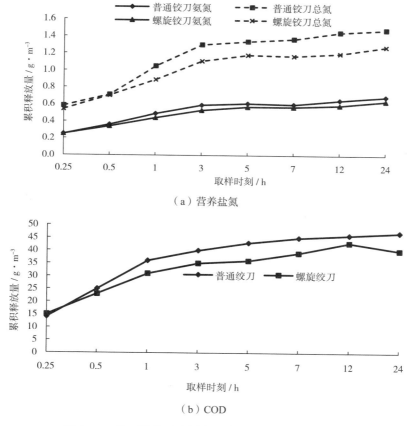

（a）营养盐氮

（b）COD

图 4.3-2　铰刀结构对底泥中污染物累积释放量的影响

由图 4.3-2 可知，螺旋铰刀有助于减少底泥中污染物累积释放量。当采用螺旋铰刀疏浚时，底泥中 NH_3-N、TN 和 COD 的最大累积释放量分别为 $0.64g/m^3$、$1.28g/m^3$ 和 $40g/m^3$。而采用普通铰刀疏浚时，底泥中 NH_3-N、TN 和 COD 的最大累积释放量则分别高达 $0.69g/m^3$、$1.48g/m^3$ 和 $47g/m^3$。

不同类型铰刀疏浚时，营养盐氮的释放率 M 如图 4.3-3 所示。

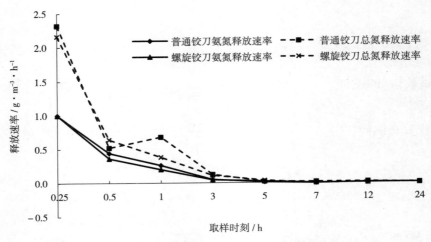

图 4.3-3　不同铰刀结构下营养盐氮释放速率

由图 4.3-3 可知,疏浚后,底泥中营养盐氮释放速率随时间逐渐降低。不同铰刀类型下，疏浚后 1h 内营养盐氮的释放速率差异较显著，表现为采用螺旋铰刀疏浚时，氮释放速率较采用普通铰刀疏浚时小。1h 后，不同铰刀形式下，营养盐氮释放速率差异不大。随着时间的推移，营养盐氮释放速率降低的趋势逐渐变缓，于 5h 后趋于稳定并接近于零。

试验结果表明，就减小疏浚中底泥污染物释放量而言，螺旋铰刀较普通铰刀有一定优势。对于底泥中的不同污染物，使用螺旋铰刀疏浚都能在一定程度上减少其由于疏浚而引起的释放量，其中对 TN 和 COD 的影响较为明显，其累积释放量分别比普通铰刀疏浚减少了 14% 和 15%，对 $NH_3\text{-}N$ 的影响则较弱，比普通铰刀疏浚减少了 6%。事实上，环保疏浚所清除的污染底泥比工程疏浚的泥层软，利于切削，同时也容易悬浮并且扩散。螺旋铰刀的刀刃为连续线型，其对泥土的切削相对平稳，对泥面的冲击小，能最大限度地降低刀具对底泥的扰动；而普通铰刀为了追求其破土能力和适应能力，牺牲了铰刀的环保性能，导致其刀刃是不连续的。因此，在疏浚过程中对底泥的扰动相对较大，而扰动有利于底泥污染物的释放。

②普通铰刀加装防扩散装置疏浚的环保效益

普通铰刀加装防扩散装置疏浚时疏浚点周围污染物不同时间内累积释放量如图 4.3-4 所示。

由图 4.3-4 可知，普通铰刀加装防扩散装置有助于减少底泥中污染物累积释放量。当上覆水中污染物浓度稳定后，普通铰刀加装防扩散装置疏浚时，底泥中 $NH_3\text{-}N$、TN 和 COD 的最大累积释放量分别为 0.57g/m³、1.16g/m³ 和 34g/m³，比采用普通铰刀疏浚分别减少 11%、17% 和 28%。

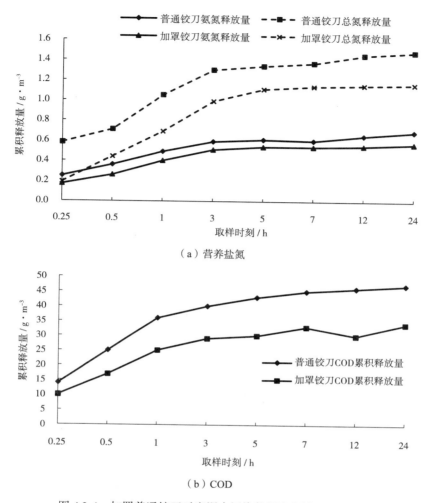

（a）营养盐氮

（b）COD

图 4.3-4　加罩普通铰刀对底泥中污染物累积释放量的影响

普通铰刀加装防护装置疏浚时，营养盐氮的释放率 M 随时间变化如图 4.3-5 所示。

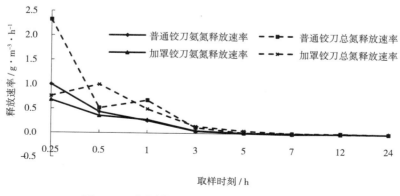

图 4.3-5　加罩普通铰刀下营养盐氮释放速率

由图 4.3-5 可知,疏浚后底泥中营养盐氮(NH$_3$-N 与 TN)释放速率随时间逐渐降低。同时,普通铰刀加装防扩散装置对疏浚后 1h 内营养盐氮的释放速率影响较显著,表现为加装防扩散装置疏浚时,氮释放速率较采用普通铰刀疏浚时小。1h 后,影响程度的差异性逐渐减少。随着时间推移,营养盐氮释放速率降低的趋势变缓,于 5h 后趋于稳定并接近于零。

试验结果表明,普通铰刀加装防扩散装置能在一定程度上抑制疏浚中底泥污染物的释放。普通铰刀采用加装防扩散装置进行疏浚时,能够在不同程度上减小底泥向疏浚点周围水体中释放各类污染物的含量,其中对 COD 的影响最为显著,其累积释放量比不加装防扩散装置的普通铰刀疏浚减少 28%;其次为 TN,减少 17%;对 NH$_3$-N 的影响则相对较弱,比不加装防扩散装置的铰刀疏浚减少 11%。总体来看,加装防扩散装置后,对减少底泥中污染物的释放作用较显著,底泥污染物释放抑制效果甚至高于螺旋铰刀。分析认为,在疏浚中,铰刀切削底泥,铰刀周围的水都会随着铰刀转动,形成一种独特的流场,使铰刀切削下的底泥形成颗粒状并与水混合,同时脱离泥泵的吸力场,向四周扩散。扩散的泥水混合物就形成一个新的污染源,释放出污染物形成二次污染。而在铰刀上加装防扩散装置,则能有效防止底泥的扩散,避免泥水混合物脱离泥泵的吸力场,有效降低二次污染。

③螺旋铰刀加装防扩散装置疏浚的环保效益

螺旋铰刀加装防扩散装置疏浚时疏浚点周围污染物不同时间内累积释放量如图 4.3-6 所示。

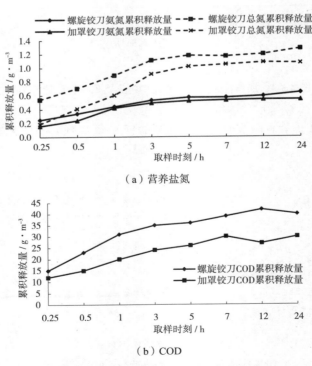

（a）营养盐氮

（b）COD

图 4.3-6　铰刀形式对底泥中污染物累积释放量的影响

由图 4.3-6 可知，螺旋铰刀加装防扩散装置有助于减少底泥中污染物的累积释放量。当上覆水中污染物浓度稳定后，螺旋铰刀加装防扩散装置疏浚时，底泥中 NH$_3$-N、TN 和 COD 的最大累积释放量分别为 0.54g/m^3、1.07g/m^3 和 30g/m^3，比采用螺旋铰刀疏浚时分别少 9%、13% 和 23%。

螺旋铰刀加装防扩散装置疏浚时，营养盐氮的释放率 M 随时间变化如图 4.3-7 所示。

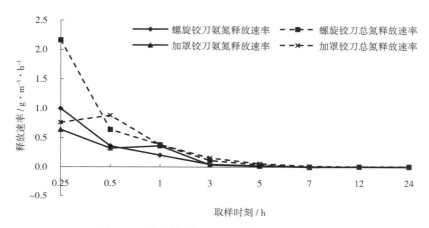

图 4.3-7　加罩螺旋铰刀下营养盐氮释放速率

由图 4.3-7 可知，疏浚后，底泥中营养盐氮释放速率随时间逐渐降低。同时，螺旋铰刀加装防扩散装置对疏浚后 1h 内营养盐氮的释放速率影响较显著，表现为采用加装防扩散装置的螺旋铰刀疏浚时，氮释放速率较采用螺旋铰刀疏浚时小。1h 后，两者之间的差异性逐渐减小。随着时间推移，营养盐氮释放速率降低的趋势变缓，于 5h 后趋于稳定并接近于零。

试验结果表明，螺旋铰刀加装防扩散装置能在一定程度上抑制疏浚中底泥污染物的释放。螺旋铰刀加装防扩散装置疏浚时，同样能够在一定程度上减小底泥向疏浚点周围水体中释放的各类污染物含量，底泥中 COD、TN 和 NH$_3$-N 的累积释放量分别减少了 23%、13% 和 9%。对比其他结构形式的铰刀，加装防扩散装置的螺旋铰刀能产生最佳的环保性能，为绞吸式挖泥船的最佳改造方案。

根据上述试验结果对比分析，再结合疏浚区域的实际情况，进一步对铰刀模型参数进行了如下设计：

（1）铰刀模型设计

由于工程铰刀并不适用于环保疏浚，因此在环保疏浚过程中必须控制疏浚深度不当、对底泥扰动过大和悬浮底泥扩散三个方面的影响。为此，提出了带罩壳的锥形螺旋铰刀的铰刀结构形式，如图 4.3-8 所示。

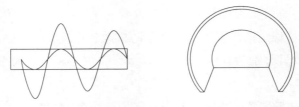

图 4.3-8　环保铰刀结构示意图

（2）主体尺度设计

长江航道疏浚的绞吸式挖泥船为中型挖泥船，其生产率为 500m³/h，为使改造后的挖泥船的生产率不变，必须合理设计其铰刀刀体的尺寸。然后通过相似转换，计算出试验模型铰刀的主体尺寸。

（3）实际尺寸设计

铰刀的切削泥土量，与铰刀长度、横移速度和挖掘深度有关，其满足如下关系式：

$$U = L \times h \times V \qquad (4\text{-}2)$$

环保疏浚中，挖泥深度一般小于 0.5m，取 0.4m；500m³/h 绞吸式挖泥船铰刀横移速度为 0~22.0m/min，此处取 10m/min；可以计算得到铰刀长度 L 为 2.08m。为保证铰刀的挖泥性能，铰刀长度取 2.5m，可得实际切削泥量为 600m³/h。

铰刀直径按工程上运用的经验公式进行估算，对软质泥土：

$$D = KE^{0.35} \qquad (4\text{-}3)$$

如取 E=0.23，K=500m³/h，则可得 D=2.02m；同时考虑铰刀直径与长度之间的关系，最终确定铰刀直径为 2m。

铰刀螺旋角小，则螺距小，其刀片沿刀毂旋转次数就相应增多，同时刀片面域变广，切削相同硬质的土质时，刀片的受力减小，但过多的刀圈会影响泥泵对泥浆的抽吸作用；反之，大螺旋角铰刀具有相对较少的刀片圈数，切削泥土时，刀片会承受较大的压力，但是罩壳内较大的空间有利于泥水充分混合及泥泵的抽吸作用。本铰刀为单刀片式结构，因环保疏浚中泥浆浓度较低，故铰刀螺旋角不宜取得过大，γ 可取为 7.5°。

铰刀圆锥角主要受制于其结构，由于刀片是螺旋盘绕在刀毂上的，若圆锥角过小，虽然有利于铰刀各构件受力，并可减轻铰刀重量，但铰刀前端的刀片高度则会很小，从而影响铰刀的挖泥性能，同时，刀毂也会限制铰刀圆锥角过小。综合考虑，铰刀圆锥角取 16° 较为合适。

综合以上结果，实物铰刀的结构尺度为：

铵刀长度 L_s=2.5m；

铵刀直径 D_s=2.0m；

刀片螺旋角 γ_s=7.5°；

铵刀圆锥角 β_s=16°。

（4）模型尺寸

模型铵刀尺寸的计算，需以几何相似理论为基础，使模型与实物之间的对应线性长度有相同的比例系数，对应两直线之间的夹角和对应的曲线、曲面的曲度保持相等，即满足等式：

$$\frac{L_{1s}}{L_{1m}}=\frac{L_{2s}}{L_{2m}}=\frac{L_{3s}}{L_{3m}}=\cdots\cdots=C_l \tag{4-4}$$

模型铵刀与实物铵刀的几何相似常数是在结合实验条件的基础上综合考虑而确定的，本实验其几何相似常数取值为100，则有：

$$\frac{D_s}{D_m}=\frac{L_s}{L_m}=100；\beta_s=\beta_m\gamma_s=\gamma_m； \tag{4-5}$$

则模型铵刀的结构尺度为：

铵刀长度 L_m=25mm；

铵刀直径 D_m=20mm；

刀片螺旋角 γ_m=7.5°；

铵刀圆锥角 β_m=16°。

（5）动态参数设计

①实际动态参数

铵刀转速参照螺旋输送机进行确定，如下式所示：

$$n=\frac{Q_z}{47D_0^2\psi\rho Pt}；Q_z=Q\times\rho \tag{4-6}$$

可计算出铵刀转速为40r/min。

铵刀横移速度对铵刀挖泥量有直接影响，当铵刀挖泥量一定时，横移速度慢，则铵刀尺度大；横移速度快，则铵刀尺度小。横移速度快，铵刀的切削宽度势必增加，铵刀的功率也要相应的增加。尤其在环保施工中，横移速度不宜过大，横移速度过大则会造成泥浆逸出铵刀罩壳。普通生产率为500m³/h的绞吸式挖泥船，其横移绞车所能提供的横移速度为0～22.0m/min。在环保疏浚施工中，铵刀的横移速度应参照慢速来设计，此时系统所能提供的最大横移速度为13.6m/min，综合以上因素，铵刀横移速度确定为

10m/min。

则实际动态参数为：

铰刀转速　　　　　n =40r/min；

铰刀横移速度　　　V =10m/min。

②模型动态参数

模型与原型在对应位置和对应时刻的运动向量（速度或加速度）方向一致而大小保持一定的比例，即为运动相似。运动相似需满足关系：

$$\frac{V_{1s}}{V_{1m}}=\frac{V_{2s}}{V_{2m}}=\cdots\cdots=C_v \tag{4-7}$$

$$\frac{a_{1s}}{a_{1m}}=\frac{a_{2s}}{a_{2m}}=\cdots\cdots=C_a \tag{4-8}$$

$$\frac{F_{1s}}{F_{1m}}=\frac{F_{2s}}{F_{2m}}=\cdots\cdots=C_f \tag{4-9}$$

模型与原型这两个系统相似，就是指两系统中每一类物理量在所有对应位置上存在着固定的比例常数，即该类物理量的相似常速。不同的物理量在相似系统中可能取不同的相似常数，但各物理量的相似常数在相似系统中互相制约，而不能孤立的任意选择。

由环保清淤铰刀的工作原理可知，铰刀在水下工作时，其表现出的流体动力与许多因素有关系。这些因素包括:铰刀直径、铰刀长度、铰刀螺距、铰刀转速、铰刀横移速度、流体密度、流体黏度和重力加速度。这8个物理量之间的关系，可用函数表达式表示：

$$F=f\left(D,l,\ P,\ n,\ V,\rho,v,g\right) \tag{4-10}$$

根据牛顿第二定律和量纲分析，物体在流体中运动，流体对物体的作用力可表达为：

$$F=ma=C\rho L^3\frac{L}{T^2}=C\rho L^2\left(\frac{L}{T}\right)^2=C\frac{1}{2}\rho V^2 S \tag{4-11}$$

由流体力学理论可知：系数仅与相似准则数有关，则有：

$$C=\frac{F}{\frac{1}{2}\rho V^2}=f\left(\pi_1,\ \pi_2,\ \pi_3,\cdots\pi_j,\cdots\right)$$

$$C=\frac{F}{\frac{1}{2}\rho V^2}=f\left(\pi_1,\ \pi_2,\ \pi_{,3},\cdots\pi_j,\cdots\right) \tag{4-12}$$

根据因次分析 π 定理可得5个相似准则数，表示为：

$$\pi_1 = D^{\alpha_1} n^{\beta_1} \rho^{\gamma_1} l$$

$$\pi_2 = D^{\alpha_2} n^{\beta_2} \rho^{\gamma_2} P$$

$$\pi_3 = D^{\alpha_3} n^{\beta_3} \rho^{\gamma_3} V \qquad (4\text{-}13)$$

$$\pi_4 = D^{\alpha_4} n^{\beta_4} \rho^{\gamma_4} \nu$$

$$\pi_5 = D^{\alpha_5} n^{\beta_5} \rho^{\gamma_5} g$$

代入影响流体动力的 8 个因素所对应的量纲，并通过和谐方程组求解可得准数如下：

$$\pi_1 = D^{-1} l$$

$$\pi_2 = D^{-1} P$$

$$\pi_3 = D^{-1} n^{-1} V \qquad (4\text{-}14)$$

$$\pi_4 = D^{-2} n^{-1} \nu$$

$$\pi_5 = D^{-1} n^{-2} g$$

将上述结果代入式（4-10）可得函数式：

$$F = f(\frac{l}{D}, \frac{P}{D}, \frac{V}{nD}, \frac{\nu}{nD^2}, \frac{n^2 D^2}{gD}) \qquad (4\text{-}15)$$

为了能够使模型铰刀实验能够完全模拟实际铰刀工况，则必须要求各 π 值对应相等，即 $\pi_{m1} = \pi_{s1}$，$\pi_{m2} = \pi_{s2}$，$\pi_{m3} = \pi_{s3}$，$\pi_{m4} = \pi_{s4}$，$\pi_{m5} = \pi_{s5}$。

通过分析计算可得到铰刀模型动态参数为：

铰刀转速 $\qquad\qquad\qquad\qquad n_m = n_s = 40\text{r/min}$

铰刀横移速度 $\qquad\qquad\quad v_m = 1/100 v_s = 0.1\text{m/min}$

（6）动态参数优化

①正交试验设计

研究以铰刀横移速度和铰刀自身的转速的组合作为疏浚变量，测量疏浚时外输的泥浆浓度，建立疏浚时外输的泥浆浓度与铰刀转速和横移速度的关系。即：

$$N = f(n); \quad N = f(v) \qquad (4\text{-}16)$$

铰刀自身转速 n 有 6 个水平，铰刀横移速度 v 有 5 个水平，其实验组合如表 4.3-1 所示。

表 4.3-1

正交试验组合

实验组合		铰刀横移速度（m/min）				
		0.05	0.1	0.2	0.3	0.4
铰刀转速（r/min）	30	A11	A12	A13	A14	A15
	40	A21	A22	A23	A24	A25
	50	A31	A32	A33	A34	A35
	60	A41	A42	A43	A44	A45
	70	A51	A52	A53	A54	A55
	80	A61	A62	A63	A64	A65

②试验结果与分析

1）方差分析

PAC（聚合氯化铝）加药量控制为 4g/kg 干泥时，疏浚铰刀在各参数下的疏浚的底泥输出泥浆浓度结果如表 4.3-2 所示。

表 4.3-2

正交试验结果

实验组合		铰刀横移速度（m/min）				
		0.05	0.1	0.2	0.3	0.4
铰刀转速（r/min）	30	9.70	12.20	17.10	17.40	18.50
	40	9.80	17.80	20.50	21.80	23.70
	50	10.40	16.70	10.10	16.40	15.40
	60	9.70	14.40	16.80	11.20	24.20
	70	10.70	17.30	18.30	15.30	18.30
	80	10.20	19.20	20.70	13.40	14.60

将上述结果进行方差分析，可得表 4.3-3 所示结果。

表 4.3-3

方差分析结果

方差来源	变差平方和	自由度	方差估计	F 计算值	F 查表值（$F_{0.10}$）	显著性
铰刀转速	0.70	5	0.14	1.56	2.16	不显著
横移速度	2.80	4	0.70	7.78	2.25	显著
实验误差	1.79	20	0.09	—	—	—
总变差	5.29	29	—	—	—	—

由方差分析表可知，置信度为 90% 时，对铰刀横移速度 v 的 F 检验结果为 7.78 > 2.25；对铰刀转速 n 的 F 检验结果为 1.56 < 2.16。明显可以看出，在置信度为 90% 时，铰刀的

横移速度对疏浚过程中的输出泥浆浓度的影响显著，相反，铰刀自身转速对输出泥浆浓度的影响不显著。

2）线性回归分析

由方差分析结果可知，铰刀横移速度对疏浚过程输出泥浆浓度影响显著，故此对铰刀横移速度与疏浚泥浆浓度进行线性回归分析，如图4.3-9所示。

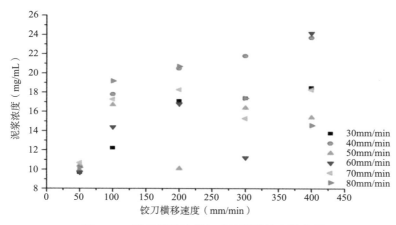

图4.3-9　铰刀横移速度与疏浚泥浆浓度散点图

由图4.3-9所示，泥浆浓度在铰刀横移速度0.10～0.30m/min时大体上是随铰刀转速的增大而增大的；铰刀的横移速度越小，在不同铰刀转速下疏浚的泥浆浓度差异很小，其中，铰刀横移速度为0.05m/min时，不同转速下的泥浆浓度差异最小；在铰刀转速为40.00r/min、50.00r/min时，疏浚泥浆浓度和铰刀横移速度变化密切，就此对转速40.00r/min、50.00r/min做线性回归分析，相关系数分别为0.87和0.83。

铰刀横移速度对疏浚泥浆浓度的影响较铰刀转速的影响大。同时，当铰刀转速为50.00r/min和40.00r/min时，铰刀横移速度与疏浚泥浆浓度之间存在相关性，其中铰刀最佳转速为40.00r/min，最佳横移速度为0.20m/min。

2. 抓斗式疏浚设备

（1）试验设计

在试验中，主要选取8个试验参数，分别为：挖泥深度h、水深H、飘斗角、挖泥频率n、开闭斗速度、抓斗开度、抓斗齿、底泥分层。在8个影响参数中，挖泥深度是指挖取污泥的厚度，试验取最大挖深的1/100，即10mm；水深由航道要求确定，试验取为200mm；开闭斗速度是由抓斗性能和土质决定，在这里取定值；抓斗的抓斗齿结构和角度在试验中选用普通锯齿形斗齿；底泥分层情况由底泥实际深度和抓斗性能决定，试验中底泥分两层，即每层10mm。综上，本试验对底泥污染物释放规律的影响参数选为抓斗频率、飘斗角、抓斗开度。

（2）试验结果与分析

①抓斗开度

抓泥频率设为 50 次 /h，飘斗角设定为 10°，水深 200mm，抓斗开度分别设定为 150°、180°、190° 进行底泥挖取，通过疏浚后不同时间点不同疏浚点污染物释放量的测定判断疏浚效果。试验结果如图 4.3-10 所示。

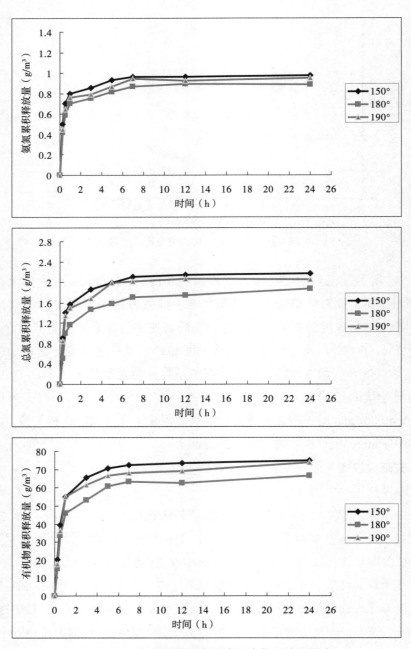

图 4.3-10　抓斗开度对底泥中污染物释放的影响

抓斗开度为 180° 时，底泥污染物释放量最小，NH$_3$-N、TN、COD 释放量最小分别为 0.89g/m^3、1.88g/m^3、67g/m^3。不同抓斗开度下，底泥各污染物释放可归纳为 3 个阶段：快速释放阶段、过渡阶段和释放平衡阶段。0.5 小时内各污染物处于快速释放阶段，营养盐氮释放速率差异明显。0.5 小时后，不同抓斗开度下，营养盐氮释放速率差异不大，并且，随着时间的推移，营养盐氮释放速率降低的趋势变缓，于 3 小时后趋于稳定并接近于零。分析认为，当抓斗开度为 180° 时，抓斗与底泥表面垂直，抓斗直接进入底泥，抓斗对底泥的扰动最小，从而减少由疏浚扰动引起的底泥的扩散。

②抓泥频率

试验抓斗开度设为 180° ，飘斗角设为 10° ，水深 200mm，抓泥频率分布设定为 40 次 /h、50 次 /h、60 次 /h，得出污染物释放量试验结果如图 4.3-11 所示。

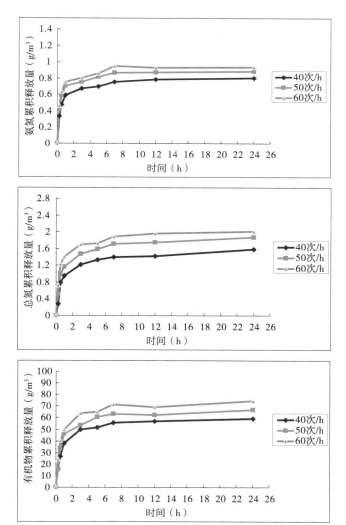

图 4.3-11 抓泥频率对底泥中污染物释放的影响

试验结果表明：抓泥频率为 40 次 /h 污染物释放量最小，抓泥频率 60 次 /h 最大。不同抓泥频率下，疏浚后 0.5 小时内污染物释放速率明显差异，表现为抓泥频率为 60 次 /h 时，释放速率最大，次之为 50 次 /h、40 次 /h。0.5h 后，不同抓泥频率下，污染物释放速率差异不大，随着时间的推移，污染物释放速率降低的趋势变缓，于 3 小时后趋于稳定并接近于零。对于出现的底泥污染物释放量与抓泥频率成正比，这里从以下两方面进行分析：

一方面，抓斗对底泥产生扰动作用，使得底泥从静止的沉积状态变成运动的悬浮状态，悬浮态泥沙增大了与水体的接触面积，使得污染物更容易进入上覆水中。

另一方面，在疏浚过程中，抓斗会带入一定的空气，在氧气充足条件下，底泥从上覆水中吸附的氨氮效率较厌氧状态高，并且氨氮转化为硝酸盐氮时间短，相应的转化率也越高，其氨化和硝化效率均越高。抓泥频率越大，带入水体中溶解氧量就越多，底泥污染物释放速率越小，但是在扰动的干扰下，溶解氧的影响相对较小，所以抓泥频率对底泥污染物释放量的影响以扰动频率为主。

③飘斗角

抓泥频率设定为 40 次 /h，抓斗开度设定为 180°，水深 200mm，飘斗角依次为 20°、10°、0° 进行疏浚，对上覆水污染物含量进行测定，试验结果如图 4.3-12 所示。

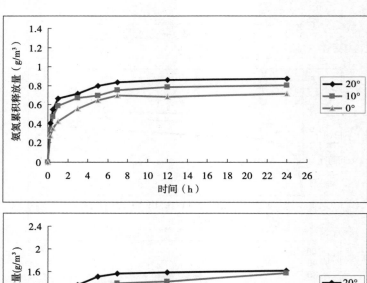

图 4.3-12　飘斗角对底泥中污染物释放的影响（一）

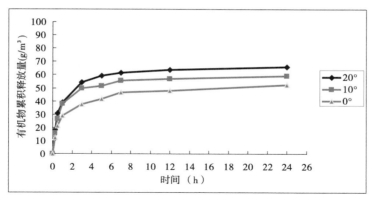

图 4.3-12 飘斗角对底泥中污染物释放的影响（二）

结果表明：飘斗角为 0° 时，底泥污染物释放量最小，20° 时释放量最大。抓斗疏浚结束后，底泥中营养盐释放速率逐渐降低并且随着时间的推移，营养盐释放速率降低的趋势变缓，于 3 小时左右趋于稳定并接近于零。

在抓泥过程中，飘斗角为 0° 时，即抓斗垂直于底泥面抓取底泥时，对于减少底泥中污染物的释放量有较大优势，而且一般来说抓斗与底泥法向的夹角越大，其污染物释放量也越大。

4.3.3 环保疏浚设备的动化影响因素

1. 投加铝盐对疏浚设备环保效益的影响

在加入 4g/kg 铝盐（PAC）钝化剂 7d 后用上述四种疏浚铰刀设备分别对底泥进行疏浚模拟扰动和输出泥沙的试验，疏浚后 48h 内跟踪检测其上覆水 COD 污染物释放量，试验结果如图 4.3-13 所示。

试验结果表明，投加铝盐作为钝化剂时，环保加罩铰刀挖泥设备疏浚对底泥中污染物累积释放量最少。分析认为，当采用环保加罩铰刀时，铰刀的转动对底泥的扰动强度降低，由于环保铰刀特有的螺旋式铰刀减小了底泥与铰刀的接触面积，从而对底泥的扰动最小，进一步减小由疏浚扰动引起的底泥的扩散。当采用普通铰刀进行疏浚时，普通铰刀的铰刀形式与底泥的切削面较环保螺旋铰刀大，其铰刀与底泥表面有一夹角，铰刀入泥时，铰刀与底泥表面的接触面积大，对底泥的扰动相应变大，不利于减少小底泥扩散。另外，在普通铰刀外加装铰刀罩，其抓泥对于减小底泥的扩散有一定优势，主要是因为当普通铰刀加罩时，铰刀与底泥的切削只有铰刀底面是切入底泥，这在一定程度上降低了铰刀的扰动强度。在疏浚过程中，由于钝化剂 PAC 对底泥中污染物质的吸附稳定作用和铰刀罩对铰刀与底泥切削面积减小的共同作用，环保加罩铰刀表现出了一定的优越性。

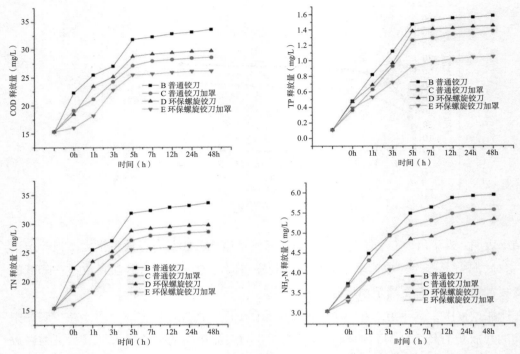

图 4.3-13　铝盐投加状态下四种疏浚设备对底泥污染物释放的影响

同时，在底泥疏浚中，疏浚扰动可以将空气中的氧气带入水体，使底泥中好氧微生物的活性提高，进而有机物的分解能力提高，所以在一定程度上可以认为扰动能提高生物活性。但另一方面，疏浚造成底泥扩散，导致底泥污染物累积释放量变大，因此减小疏浚中对底泥的扰动是直接减小底泥污染物扩散量的主要手段。对于普通铰刀疏浚，铰刀的几何尺寸和外形直接影响铰刀对底泥的扰动强度，而环保铰刀特有的螺旋铰刀形式对底泥的扰动强度最小，加之钝化剂的前期钝化效果明显，底泥污染物可释放量降低，因此，鉴于扰动对微生物的有机物分解能力的提高和环保罩减少底泥扩散作用的双重作用，针对底泥污染物的环保疏浚中，钝化剂、螺旋铰刀形式和加罩对减小对底泥的扰动具有三重作用。同时，针对底泥 NH_3-N 污染物的环保疏浚，螺旋铰刀形式和加罩对减小对底泥的扰动具有双重作用。同时，在环保疏浚中，钝化剂的使用也对底泥污染物的释放起到了一定作用。

而采用四种不同疏浚设备底泥 TP 释放量的不同有两个原因，一方面是由于钝化剂 PAC 在水体中形成的絮凝体对污染物的吸附作用，致使疏浚后污染物释放量没有大幅度的提高，另一方面，环保铰刀特有的连续型刀刃对底泥的切削作用相对平稳，对底泥的扰动较小，加之加罩后底泥扩散得到了控制使得底泥疏浚中环保加罩铰刀挖泥设备疏浚时污染物累积释放量最少。在生物方面，TP 的释放取决于聚磷菌的活性，疏浚后不久，水体中溶解氧水平普遍处于较低水平，聚磷菌表现为释放磷，在后期水体溶解氧水平升高，聚磷菌表现为吸收磷,所以在 7d 后底泥释放磷的能力减弱,表现为释放量速率降低,释放量达到一个平衡值。

2.投加钙盐对疏浚设备环保效益的影响

在加入 6g/kg 钙盐(硝酸钙)钝化剂 7d 后用上述四种疏浚铰刀设备分别对底泥进行疏浚模拟扰动和输出泥沙,疏浚后 48h 内跟踪检测的其上覆水 COD 污染物释放量,试验结果如图 4.3-14 所示。

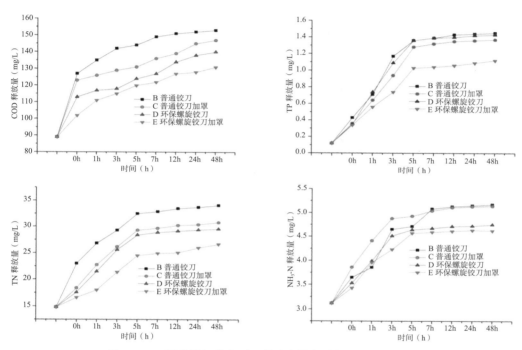

图 4.3-14 钙盐投加状态下四种疏浚设备对底泥污染物释放的影响

试验结果表明,投加钙盐作为钝化剂时,环保加罩铰刀挖泥设备疏浚对底泥中污染物累积释放量最少。分析认为,当采用环保加罩铰刀时,铰刀的转动对底泥的扰动强度降低,由于环保铰刀特有的螺旋式铰刀减小了底泥与铰刀的接触面积从而对底泥的扰动最小,进一步减小由疏浚扰动引起的底泥的扩散。当采用普通铰刀进行疏浚时,普通铰刀与底泥的切削面较环保螺旋铰刀大,其铰刀与底泥表面有一夹角,铰刀入泥时,铰刀与底泥表面的接触面积大,对底泥的扰动相应变大,不利于减小底泥的扩散。另外,在普通铰刀外加装铰刀罩,其抓泥对于减小底泥的扩散有一定优势,主要是因为当普通铰刀加罩时,铰刀与底泥的切削只有铰刀底面切入底泥,这在一定程度上降低了铰刀的扰动强度。在疏浚过程中,由于钝化剂硝酸钙对底泥中污染物质的吸附稳定作用和铰刀罩对铰刀与底泥切削面积减小的共同作用,环保加罩铰刀表现出了一定的优越性。

底泥疏浚中,疏浚扰动造成底泥扩散,是底泥污染物累积释放量变大的主要原因,因此减小疏浚中对底泥的扰动是减小底泥污染物释放量的主要手段。对于普通铰刀疏浚，铰刀的几何尺寸和外形直接影响铰刀对底泥的扰动强度，而环保铰刀特有的螺旋铰刀形式对底泥的扰动强度最小。加之钝化剂的前期钝化效果明显，底泥污染物可释放量降低，因此，针对底泥污染物的环保疏浚中，螺旋铰刀形式和加罩对减小对底泥的扰动具有双重作用。同时，在环保疏浚中，钝化剂的使用也对底泥污染物的释放起到了一定作用。从钝化剂方面分析，在疏浚过程中，硝酸钙与 H_2PO_4 形成羟磷灰石 $[Ca（OH）（PO_4）_3]$ 沉淀将污染物吸附沉降，还有可能是硝酸钙盐钝化机理造成了底泥内部的缺氧环境使得微生物把硝酸盐作为电子受体进行对有机物的氧化作用，硝酸钙钝化剂作为氧受体进行氧化作用取代了氧气在水体中的作用，从而使得 TP 的降低。由于钝化剂硝酸钙对底泥中污染物质的吸附稳定作用和铰刀罩对铰刀与底泥切削面积减小的共同作用，环保加罩铰刀表现了一定的优越性。而针对底泥中 NH_3-N 释放量影响结果的差异性，可能是硝酸钙进入水体后，底泥中的电子受体增加，从而加快了微生物对有机氮的代谢作用，使得释放出更多的氨氮进入水体。但是由于硝酸钙在水体中产生一部分氢氧化钙的絮体存在于底泥中，使得对氨氮起到一定的吸附作用，而且抑制作用大于促进有机氮代谢的作用。

4.3.4 底泥及余水的处置和再利用

1. 底泥处置及再利用

首先，放置底泥的场所要设计好，常见的有排泥场、集泥池、填埋场等，这些堆场选址需要满足以下原则：

（1）必须符合相关规划的要求；（2）符合环保要求，对堆场附近的土壤、水体不造成二次污染；（3）堆场必须具有较好的防渗漏措施及良好的余水排放路径；（4）就近原则选择堆场，以减少底泥输送成本及运输过程中产生的影响；（5）尽可能少占用农田，尽可能少破坏植被，减少生态环境影响。环评需根据上述原则，分析堆场选址的合理性。

在实际操作中，堆场会根据工程需要进行相应的设计，因地制宜、就地取材。比如在滇池草海底泥处置时，堆场围堰采用内侧土工膜防渗，堆场底部利用了广泛存在于湖周地下的泥炭层作污染物吸附层。一般底泥先会经过脱水处理，还会将絮凝剂和固化剂作为改性剂对底泥进行改性处理，而把处理后底泥进行资源化和综合利用技术上，国内也广泛采用了不同方法。如山美水库的底泥就是经过一系列处理后形成泥饼外运至砖厂制砖；美国麻省将湖泊疏浚挖出来的 $1.53 \times 10^5 m^3$ 的底泥用作土壤调节剂；纽约和新泽西港的疏浚底泥被用作土壤和生产水泥的原材料；温瑞塘河底泥泥浆堆置于堆场处主要目的是作为"围海造田"的一部分。

2. 余水处置及再利用

污染底泥经过自然沉淀后，从堆场溢流排放出来的多余的水，被称为余水。余水中含有大量的氮、磷、有机物、重金属等污染物，这些污染物会附着于细颗粒上，悬浮在余水中。总的来说，余水处理的方法有物理、化学、生物法。

物理方法如过滤，一般就是在余水处理池内设置一些过滤体，如武汉市月湖疏浚工程中，就是在沉淀池内设置 S 型隔埂，让余水进一步沉淀，并设置两道三级过滤体（第一层为大粒径石子，第二层为粗砂，第三层为细砂）进行过滤，使余水能够达标排放。

化学方法中絮凝沉淀法是目前国内外余水处理最常用的方法。絮凝沉淀法的优点在于不需外界动力、操作性较大、适应水质水量变化的能力强、药剂多样且提供方便、处理场地不太占用地方，且设施简易、成本低、搭建容易。根据标准，余水处理率 >90%，SS 质量浓度 <150 ~ 200mg/L，或经小型净化处理设施、氧化塘等处理达标后才准予排放，一般处理后的且环保指标接近天然水体情况的余水，可排回湖中，实现水资源的循环利用。

目前，在黑臭水体治理中还有一种超磁净化处理技术，特别适合去除难沉降的细小悬浮物、总磷等轻质杂质，能进一步确保还河余水不对环境造成二次污染。

4.3.5　底泥疏浚的环境效应

污染底泥疏浚对水体环境改善起着不可替代的作用，因此疏浚工程后产生的效果是需要我们去分析评估的。而底泥疏浚的环境效益是多方面的：

1. 清除内源污染

疏浚后，底泥沉积物中有机质、氮磷及重金属含量会有明显下降，如滇池草海通过疏挖底泥，可去除 TN39600t、TP7900t、Pb624t、Cu1475t、Cd143t、Cr457t、Hg2.1t、Zn2874t，基本清除了草海内污染源。疏浚使得底泥沉积物中的氮磷污染物含量下降，很大程度减轻水体富营养化程度，也消除了重金属对水体的影响，可见底泥疏浚是削减沉积物内源负荷的有效手段。

2. 改善水体水质

由于清除了污染底泥，不仅一次性清除了积累在底泥中的污染物，同时也减少了水体中溶解氧的消耗以及减少了底泥与水层之间污染物质的交换，从而达到改善水质的作用。所以，疏浚前后，水体透明度、悬浮物（SS）、生化需氧量、氨氮等水质指标也会发生变化。如南湖清淤工程从 1999 年至 2002 年，其中总磷及 BOD_5 平稳下降，而总氮和氨氮稍有反复，但不影响总体下降趋势。另外，4 项水体富营养化指标的质量浓度均低于 1999 年未清淤前的平均质量浓度。说明南湖底泥的清淤工程实施后，水质得到改善，逐步控制了氮、磷等造成二次污染的可能性。

3. 其他生态环境效应

底泥疏浚可以在一定程度上促进水生生态环境恢复。疏浚工程清除了受到污染的底泥，这为水体大型水生植物恢复提供了基本的生存条件，有利于生态系统的恢复，同时藻类及一些外来侵入物种生长量也会由于水质的改善而大量减少，这将会促进水生生态系统的恢复。底泥疏浚工程还能增加库容及相应蓄水能力，有利于缓解水资源供需矛盾，同时水质的改善，提高了水环境功能，促进了水资源的开发利用。同时堆填造地及堆场生态恢复，使疏浚区域及周围地区的景观生态环境得到明显改善。

虽然疏浚有着见效快、能够清除内源污染、改善水质等优点，但从长远角度分析，底泥疏浚工程也存在一些负面影响：

1. 水环境影响

如果在疏浚过程中采取的疏浚方案不当，如疏浚区域、疏浚深度这些参数没有选择恰当，或者技术措施不成熟，很容易导致底泥孔隙水中的污染物质重新进入水体，也有可能在水流动力和风力的作用下将释放的污染物质扩散进入表层水体。近年来，不少地区在整治水体富营养化时，实施了底泥疏浚工程，结果发现部分挖掘底泥的预期效果不但未能体现出来，一段时间内反而破坏水体氮、磷营养元素平衡，水质进一步恶化，藻类异常频发。另外堆场余水排放也会对水环境造成影响。由于在余水处理中加入了药剂促进沉淀，所以促凝剂的类型以及用量会对受纳水体产生不良影响。

2. 生态环境影响

底泥疏浚，会对陆地动植物造成破坏。如工程占地、土方开挖等会破坏施工区的植被，由此还会造成土地利用功能和结构发生变化，进而影响动植物的生境。这种影响短期内不可恢复，但还是短暂的，施工结束后这种破坏就会减缓。

底泥疏浚对水生生物也会造成不良影响。体现在疏挖过程中，会或多或少去除掉一些底栖动物，这样原有的底栖生态系统就会遭到破坏，在疏浚工程完成后而新的底栖生态系统未建立前，河道生态系统较脆弱，极易爆发水华。例如，21世纪初南京对玄武湖疏浚后爆发了大规模的水华事件。总的来说，底泥疏浚工程对水生生态环境的影响也是短期的、暂时的，随着施工结束，这种影响逐渐减缓。

综上所述，底泥疏浚工程带来的不良影响是可控的、可恢复的，所以我们在施工过程中，需要提前做好控制措施，制定好疏浚方案，疏浚结束后，可以因地制宜采取一些恢复措施，这样才能做到真正意义上的环保疏浚。

4.3.6 底泥疏浚与其他底泥污染控制技术对比

底泥污染控制有三大技术：底泥疏浚、原位覆盖、原位钝化。原位覆盖技术又称封闭、掩蔽或帽封技术，其技术核心是利用一些材质覆盖于污染底泥上，这些材质需具有较好的阻隔作用，可以将底泥中的污染物与上覆水分隔开来，大大减少了底泥中污染物向水体释放的能力。而污染底泥原位钝化技术的核心是在污染物中加入具有钝化作用的人工或自然物质，进而使底泥中的污染物产生惰性，使之相对稳定于底泥中，这样就减少了底泥中污染物向水体释放的量，达到有效控制内源污染的作用。这三种技术有它们各自的优缺点，简单总结如表4.3-4。

三项技术对比　　　　　　　　　　　　　　　　表4.3-4

技术	优点	缺点	费用效益	适宜条件
覆盖	不移动底泥，扰动小；覆盖后保持较稳定的化学和水力条件；某些覆盖材质对污染物兼有吸附功能；适合于营养盐、重金属、POPs等多种污染的底泥	污染物留在原处，不能彻底解决污染问题；覆盖后减少库容；不能大面积实施；不利于生物多样性；易受强水流或风浪等侵蚀	据我国在巢湖环城河的工程经验，包括运输、覆盖施工费用等，按覆盖砂子厚度50cm计，其工程造价为98.5元/m²	须在控源后实施；适于覆盖材质易获得、而疏浚费用特别高或堆场不宜找到的中深水湖泊局部区域或疏浚后河流；要求湖泊水力条件或风浪不冲蚀覆盖层且底部地形能支持覆盖层
钝化	不移动底泥，扰动较小；有效减少底泥的悬浮；适合于磷或重金属污染的底泥	化学药剂加入，需考虑生态风险；原位加药不均匀，处理效率不一致；环境因子如水流、水温影响处理效果；该技术研究尚不成熟，尤其是对NP以外的污染物；水流或风浪的扰影响钝化效果	国外工程经验，其费用仅为疏浚的1/5~2/3对污染物的钝化效率高达50%-90%	须在控源后实施；适用于非水源地湖泊或水库局部重染区；要求现场水力条件和风浪不冲蚀钝化层
疏浚	增加库容；彻底清除内源污染并进行异地处置，效果好；适合除挥发性污染物以外的多种污染物的去除；技术较成熟	底泥异地堆放与处置，需长期监测；较难清除细颗粒带来的二次污染；随污染底泥带走底栖生物；疏浚过程中排放臭气，对周围环境有不利影响	根据我国已实施的工程经验，包括污染底泥疏挖、堆放、处置的综合工程造价约为30万~50万/m³	须在控源后实施；适用于较好的底泥堆放条件，堆放场地征地费不太昂贵的湖泊重污染河湾或河口

4.4　补水、活水及水动力保持措施

无论是补水、活水还是水动力保持措施，其核心都是从其他河流引水稀释污染物，恢复自然河道。主要方法有：一是通过引流清洁的地表水对治理对象水体进行补水，促进污染物输移、扩散，实现水质改善。可通过科学管理和利用城市雨洪水，达到既补充水体水量，又提高水体流动性，加速水体置换，改善水体质量的综合效果。适用于滞留型污染水体、半封闭型及封闭型污染水体水质的长效保持。二是城市污水经过处理并达到再生水水质要求后，将其排入治理后的城市水体中，以增加水体流量和减少水力停留时间。可以充分利用城市再生水作为城市水体的补充水源，增加河湖生态水量。再生水作为城镇稳定的非常规水源，是经济可行、潜力巨大的补给水源，应优先考虑利用。适用于缺水城市或枯水期的污染水体治理后的水质长效保持。三是通过工程措施提高水体流速，以提高水体复氧能力和自净能力，改善水体水质。可因地制宜地加强城市河湖水系的合理有效连通，构建良性循环的城市水系统。此方法适用于水体流速较缓的封闭型水体。

4.4.1 生态补水技术简介

城市黑臭水体由于其形状不规则和自身的封闭性，导致水体出现缓流，自净能力差，局部形成死水区，污染物累积，最终产生富营养化，甚至爆发水华。部分城市黑臭水体属于缺水型（干涸型）黑臭水体，由于无法保障生态基流，缺少水生态系统所必需的水量，导致水体面积大幅缩减，生境退化。因此生态补水是防治水体黑臭的一项重要措施，一是可补充河道等水体的生态基流，保证生态环境用水，二是可大幅提升环境容量和水资源可持续利用能力。

针对生态基流较小或基本没有生态基流的水体，可采用生态补水，利用清水、再生水、雨洪水等进行补水。针对滞水区、缓流区，鼓励采用内循环或外循环等技术。目前，补水技术主要分为清水补水与再生水补水，以再生水作为水源的水体补水模式是城市水体补水的主要模式。

（1）清水补水

清水补水是指通过引流清洁的地表水对治理对象水体进行补水，促进污染物输移、扩散，实现水质改善，适用于滞留型污染水体、半封闭型及封闭型污染水体水质的长期保持。另外，清洁的地表水开发和补水能够增加水体环境容量，但需关注水量的动态平衡，避免影响或破坏周边水体功能。

（2）再生水补水

城市污水经过处理并达到再生水水质要求后，将其排入治理后的城市水体中，以增加水体流量和减少水力停留时间。再生水作为城镇稳定的非常规水源，是经济可行、潜力巨大的补给水源，应优先考虑利用。适用于缺水城市或枯水期的污染水体治理后的水质的长期保持。但是，再生水补源往往需要铺设管道，需加强补给水水质监测，还需要增加投资，对再生水补水应采取适宜的深度净化措施。

另外，生态补水促使流水不腐，而水体循环流动最重要的作用是为生物净化创造有利条件。它可以使污染物被高效微生物降解、补充水中的营养物充分扩散至水体各区域发挥作用，还有助于水体复氧。在水体循环过程中，经过生物滤池或砂滤缸等水处理系统净化后的水体，通过强化生物或物理过程进一步去除水体中剩余的有机物、无机营养盐和藻类、悬浮物等。这些措施对高负荷的污染物去除率较低，作为水体净化的辅助措施比较合适。在有突发的大量污染物进入水体，生态系统受到严重的冲击或者水生态系统不能自行恢复等的情况下，可以适当地补充一些洁净水体，以降低水体的污染物浓度。补充洁净水还可以弥补入湖水量亏损。补水时，最好的方法是用泵把景观水抽出作绿化灌溉用水后再补充洁净水体。这样可以达到活水和水质改善的目的。

生态补水技术特点如下：

1. 适用范围

适用于城市缺水水体的水量补充，或滞流、缓流水体的水动力改善，可有效提高水体的流动性。

2. 生态补水技术优缺点

（1）优点

①利用城市再生水、城市雨洪水、清洁地表水等作为城市水体的补充水源，能够增加水体流动性和环境容量。能充分发挥海绵城市建设的作用，强化城市降雨径流的滞蓄和净化。

②清洁地表水的开发和补水能够增加水体环境容量。

（2）缺点

①再生水补源往往需要铺设管道。

②需明确补水费用分担机制。

③不提倡采取远距离外调水的方式实施生态水补给。

④再生水补水应采取适宜的深度净化措施，以满足补水水质要求。

4.4.2　活水技术

活水技术是通过工程措施提高水体流速，以提高水体复氧能力和自净能力，改善水体水质，适用于水体流速较缓的封闭型水体。

通过人工增加水循环动力，在不增加需水量的情况下，也可以有效改善水体的流动性，增加水体自净能力，改善水环境质量。许多研究也表明，良好的水动力条件有助于改善缓流水体的富营养化状况。而且，水动力循环比杀菌灭藻、絮凝沉淀等方法更符合自然的生态学原理。

黑臭水体的水动力控制可以减少污染物浓度和负荷分支水分分层，提高水体溶氧浓度。该措施分为两种，一种是水力调控法，另一种是机械调控法。其中水力调控法主要是针对黑臭水体的活水法。活水法可以调节水体水力停留时间、改善水动力条件、提高水体自净能力。另一种是通过潜水推流机械设备的运行，在相对封闭的水域中，营造水体的循环对流，实现其缓慢而均匀的流动，从而改善水体中的水流流态。在相对大的系统内实现多个水系连通，促进水体交换。活水技术是水质长效改善和保持不可缺少的措施。

首先，调查研究区域的水系现状，根据相应地区水系规划的原则，综合考虑研究区域的多种规划要求，初步确定研究区域的水系规划布局。其次，根据研究区域的地域特点，考虑水系的景观及生态效果，对水系采用多自然型河流治理法，建设生态型河道；充分利用现有的水系框架、河道地势，通过对河道整治、建筑物修建，将清水引入城市，适时调蓄，防洪排涝，观用结合；将污水收集，达标排入生态湿地深度净化；确定水工建筑物的位置与要求以及河道的布设形式，使得规划水系能够保护、开发、利用现有水系，调节和治理洪水与淤积泥沙，兴水力而防治水患，结合岸坡地形、现状植被，通过滩地、驳岸、堤防生态整治，营造综合生态水环境；通过工程措施，恢复中断的河道，使之与其他河道相沟通；贯通城市内各条河道，连接处均设有控制性建筑物，合理调节水位和流量。

利用水体自然生态净化原理，在相对封闭的水域中，通过潜水推流设备的运行，营造水体的循环对流，从而改善水体中的水流流态。在大的系统中，根据水动力学基本原理，给水体施加动力，使得多个水系连通，使整个水体由静变动，实现其缓慢而均匀的流动，促进水体交换，提高水中的溶解氧含量，破坏微囊藻的生存环境，实现抵制藻类繁殖，激活水体净化的机能。

活水技术特点如下：

1. 适用范围

适用于城市缓流河道水体或坑塘区域的污染治理与水质保持，可有效提高水体的流动性。

2. 技术优缺点

（1）优点

①通过设置提升泵，水系合理连通，利用风力或太阳能等方式，实现水体流动，非雨季时可以利用水体周边的雨水泵站或雨水管道作为回水系统，应关注循环水出水口设置，以降低循环出水对河床或者湖底的冲刷。

②沟通水系，对水系进行规划、治理和控制，以实现除患兴利、行洪排涝、取水利用、交通航运。

③实现水环境生态的平衡，强化水系自净能力，降低水污染的程度。

④使城市水系与城市绿化空间体系紧密结合，形成城市总体空间格局的重要组成部分。

⑤水系治理，整治了沿河的污染源，保护了河流水质，确保城市水源的水质安全；改善了城市形象，提升了城市品位。

（2）缺点

①水系规划重在河道的防洪整治与水资源配置，而忽视其生态效益。

②水系规划多以防洪排涝、航运生产为目标，很少将重点放在利用水系塑造城市的景观形象上。

③水系规划对城市水系作为城市居民重要的游憩和日常活动空间功能的认识不足。

④水系规划没有充分利用水系作为城市重要的廊道，发挥其各种价值。

⑤部分工程需要铺设输水渠，工程建设和运行成本相对较高，工程实施难度较大，需要持续运行维护；河湖水系连通应进行生态风险评价，避免盲目性。

4.4.3　调水引流技术简介

调水引流技术就是遵循"循环水务"，通过把河道里蓄存的不动水"干流调支流、下游调上游、河内调河岸、河内调湿地、河内循环"，反复循环的"五个循环圈"来调动水体活动，这样既能解决河道上游缺水问题，又促进了死水变活，改善了水质，在治理河道和管理河道的实践中，赋予了"循环水务"新的概念。调水引流技术不仅可借助大量清洁水源稀释黑臭水体中污染物的浓度，而且可加强污染物的扩散、净化和输出，对于纳污负荷高、水动力不足、环境容量低的城市黑臭水体治理效果明显，但对水资源是一种浪费，应尽量采用非常规水源，如再生水和雨洪资源。

调水引流是河塘水系水质调控的重要手段，是指充分利用外部清水资源，通过闸坝等工程设施的合理调度，改善水体水动力条件，提高水体自净能力，增加水体环境容量，从而改善水质的一种水资源利用方式。

水体遭到严重污染后会成为死水，水体自净能力完全丧失。通过调水和引水，一方面可以增加污染水体中的溶解氧；另一方面还可使水体保持流动状态，提高水体中的溶解氧浓度，增强水体的自净能力。

调水引流形式主要遵循"五个循环圈"：第一个循环圈是将水从干流到支流再返回干流；第二个循环圈是将水从下游调到上游再返回下游；第三个循环圈是将水从河内调到河岸再返回河内；第四个循环圈是将水从河内引入岸边的"湿地"净化后再返回河内；第五个循环圈是将水在河内进行循环利用。

调水引流技术优缺点：

（1）优点

①完善水体循环流动后，既能防止水华现象发生，又能解决上游缺水问题，改善河道的水环境。

②既能改善水体水质，又能促使周边环境呈现出既生态又自然的景色。

③建设更加舒适的生态河道，实现人水和谐。

④建立水体修复池后，能有效地去除水体的氮、磷等营养物质，增加水体的溶解氧，提高水体的自净能力，创造水体良性循环系统。

⑤强化水环境的承载能力。

（2）缺点

①水体调控不佳，易导致水体水质下降，水环境质量恶化。

②一旦超过调活水体工程的水环境承载能力，河道治理难度将更大，水环境的平衡更难以恢复。

4.4.4　人工曝气增氧技术

河道黑臭是我国城市河网的普遍现象，河道黑臭的根本原因是河水中溶解氧缺乏。河水中的溶解氧主要来源于大气复氧和水生植物的光合作用，其中大气复氧是水体溶解氧的主要来源。河水耗氧主要有还原性物质耗氧、溶解态和胶体态易降解有机污染物生化耗氧、NH_3-N 硝化耗氧以及河道底泥中固态有机污染物、难降解有机物耗氧等几种形式。当河道复氧大于耗氧时，有机物被好氧分解，使水中溶解氧含量下降，浓度低于饱和值，水面大气中的氧就溶解到河水中，补充消耗掉的氧，使河道水体溶解氧慢慢恢复正常，此过程被称为河道的自净作用。

溶解氧的含量是反映水体污染状态的一个重要指标。受污染水体溶解氧浓度变化的过程反映了河流的自净过程，当河道复氧小于耗氧时，水体和河道底泥有机物含量太多，溶解氧消耗太快，大气复氧和藻类供氧来不及补充，水体的溶解氧就会逐渐下降，乃至消耗殆尽，有机物从好氧分解转变为厌氧分解，有机物不完全分解和大量有毒物质的释放，使水生态系统遭到严重破坏，水质恶化，出现水体黑臭现象，无法自行恢复，单靠天然曝气作用（大气复氧、藻类供养）是不够的，必须利用人工曝气增氧技术，提高氧的传递和扩散。

人工曝气增氧技术主要的功效：一是可迅速地氧化 H_2S、甲硫醇及 FeS 等致黑致臭物质，有效地改善、缓和水体的黑臭状态；二是改善水质，当水中溶解氧增加后，会使某些有害有机物逐步降解为对人体无害的低分子有机物或者无机物；三是恢复生态平衡，在河湖水体缺氧时，鱼虾及其他水生生物会死亡甚至绝迹，经曝气增氧后，大量有毒害的污染物被降解，并能提供水生生物必需的溶解氧，使河湖重新成为生态平衡的活水。

1. 传统曝气充氧技术简介

传统曝气充氧技术即在水体中安装曝气装置，定期或不定期补充氧气，使水体与底泥界面之间保持有氧状态。通常情况下，磷被沉淀到水体的底泥中，但在水体出现厌氧的条件下又会从底泥中重新释放出来，因此传统曝气充氧技术适用于处理水体中含磷导致的水体富营养化。通过水体充氧有效抑制底泥磷释放，对控制河湖臭味的产生及藻类的过量繁殖有一定的效果。自 20 世纪 40 年代以来，曝气充氧技术在国外城市河道、湖泊整治中被广泛应用。国外研究者利用曝气充氧技术治理了弗兰博河、密西西比河等，皆取得了良好的治理效果，曝气能显著增加水体中溶解氧的含量，恢复水体生境，控制有机污染，去除水体黑臭。德国是最先利用纯氧曝气方式治理污染河道的国家，20 世纪 90 年代德国利用纯氧曝气系统技术治理了 Emshe 河等，结果也表明曝气充氧技术较其他技术经济性更好。而我国在 20 世纪 80 年代才开始利用曝气技术治理污染河道、湖泊。1990 年亚运会期间，在北京清河的一个长约 4km 的河段中，使用曝气设备进行充氧，47 天后，水体黑臭现象明显改观，水体透明度上升，曝气点的溶解氧由 0mg/L 上升至 5 ~ 6mg/L，曝气点下游溶解氧平均上升至 2 ~ 3mg/L。上海市环境科学研究院在 1998 年对苏州河进行曝气充氧实验，实验结果显示：主要水质指标恢复到国家Ⅳ类水标准，有效去除了水中的各类污染物，水域生态环境逐渐好转。在上海浦东新区张家浜河段使用多功能净化船对河道河段进行了曝气修复实验，经过一个半月的治理，水体水质指标得到明显改观，河段水质指标基本达到地表水Ⅳ类水质标准。这些研究充分说明了曝气充氧技术是一种有效的水体治理技术。

2. 传统曝气充氧方式分类

传统曝气充氧技术的增氧设施主要包括鼓风机—微孔布气管曝气系统、纯氧—微孔布气设备曝气系统、叶轮吸气推流式曝气器、水下射流曝气器等，每种形式各有其优缺点。选用不同增氧方式的水车式增氧机、叶轮式增氧机、射流式增氧机在黑臭河道现场进行试验，研究表明，从增氧效率上看，水车式增氧机最佳，叶轮式增氧机其次，射流式增氧机效果最差。特别是水车式增氧机，能迅速启动河道菌藻生态系统，并在其下游形成一段较长的洁净好氧的肉眼可见的绿色河段，使处理河道出现"上游黑—中间绿—下游黑"的独特景观。使用叶轮式增氧机后也能观察到这一现象，只是绿色河段短于水车式增氧机，使用射流式增氧机后则看不到这一现象。

水车式增氧机、叶轮式增氧机都是采用制造液相流体的水跃而形成气液接触界面，其动能作用于重质液相流体运动，轻质气相流体是被动接触，在叶轮或转刷（盘）搅动处附近产生局部连续的气液接触界面，因此具有皂化作用，可分离水中的油脂成分，净化水质，增加溶解氧，不会将底层已沉积的有机物碎屑等杂质搅浮，还有水流强劲，溶氧高，噪声小的特点。叶轮式曝气机转速过快，以垂直搅动为主，对河道底泥有一定搅浮作用，增加水中的杂质浓度，影响了水质；水车式增氧机则以水平推流为主，对河道底泥搅动少，增氧效率高；射流式增氧机是依靠射流液相流体吸入气相流体而形成气液接触界面，虽然具有较强的传质能力及切割搅拌作用，由于其射流喷头位于河道底部，对河道底泥搅动特别大，其增氧作用主要用于河道底泥污染物还原性物质的化学氧化和生化分解，不适用于中小型黑臭河道的曝气增氧。传统曝气充氧技术特点如下：

1. 适用范围

该技术适合于由于总磷升高导致的湖泊水体富营养化的治理、城镇黑臭水体改善、增加水体溶解氧和抑制厌氧微生物滋生等。

2. 传统曝气充氧技术优缺点

（1）优点

①可控性高，根据水体状况有选择地启用。

②占地面积小，不用建设过多的构建筑物，设备漂浮在水面上。

③设备投资小。

④对操作人员没有特殊要求，经过简单培训后即可操作。

（2）缺点

①对于流动性水体处理效果较差，适合于静态水体。

②对于总氮去除能力较低，对于氮磷引起的富营养化作用效果不明显。

③对于重建生态环境帮助不明显。

4.5　水质自然净化技术

（1）人工湿地

人工湿地是由人工建造和控制运行的一种污水除污系统，污水在湿地流动的过程中，主要利用物理、化学、生物三重作用，对污水进行处理的一种技术。其作用机理包括吸附、滞留、过滤、氧化还原、沉淀、微生物分解、转化、吸收及各类动物的作用。人工湿地是一个综合的生态系统，在促进废水中污染物质良性循环的前提下，充分发挥资源的生产潜力，防止环境的再污染，获得污水处理与资源化的最佳效益。

人工湿地除污原理大致可分为：稀释、絮凝、沉淀物理方式去除污水或富营养水体中的一部分污染物；微生物生物降解去除污染物；植物吸附吸收污染物。污水中的有机物分为溶解性有机物和难溶性有机物，难溶性有机物可以通过沉淀过滤去除，而溶解性有机物通过微生物生物降解去除。对于氮的去除包括微生物氨化、硝化和反硝化、挥发作用、吸附沉淀以及过滤作用、植物吸收作用等。除磷途径主要包括吸附、沉淀、过滤以及植物的吸收、微生物的吸附同化作用。污水中一定量的重金属其主要去除机理是植物吸收、微生物降解、沉淀作用。

人工湿地依据结构内部组成—基质、植物和水体，可划分为多种类型：根据填充主要基质的种类，人工湿地可分为传统的土壤、砾石和陶粒等人工湿地；根据基质间的组合，人工湿地可分为煤渣—草炭、砂子—土壤—泥炭和细砖屑—粉煤灰等人工湿地；根据植物的生长状态，分为无植物系统、浮水植物系统、沉水植物系统和挺水植物系统；根据人工湿地中水的基本流态，分为推流式、回流式、阶梯进水式和综合式人工湿地；根据人工湿地中水流方式，分为表面流、水平潜流和垂直流人工湿地。这是目前较常用的一种划分方法。

人工湿地选择的植物应与周围的景观融合一体，具有观赏价值，除此以外，还应该满足以下要求：①多样性。尽量设计多种植物组合去污，做到物种间的合理搭配；②经济性。

种植经济价值高的植物；③易于管理。选用易于管理的植物，避免造成二次污染。在实际工程中，应针对不同污水水质和基质本身特性，本着就近取材的原则选用适当的基质。

人工湿地是一个综合的生态系统，不同结构的组合又可以构成多种结构类型，如水平潜流＋阶梯进水式＋砾石＋挺水植物等，形成不同的净化机理和处理效果。但并不是所有的成分都可以任意组合，如表面流一般只和土壤组合；水平潜流和垂直流的植物为挺水植物等。

（2）稳定塘

稳定塘是由人工适当改造土地修建、设有防滤层的污水池塘，其主要是利用自然净化功能使污水得到处理净化以达到出水水质要求的一种污水生物处理技术，又名氧化塘或者生物塘。通过在水体中种植水生植物，对水质进行净化，是一种人工强化措施与自然净化功能相结合的净化技术，适用于黑臭水体治理的水质改善和生态修复阶段。稳定塘能有效地净化生活污水外，还能处理工业废水。同时，稳定塘的适用范围非常的广，不受场地及气候条件限制，既能作为二级工艺技术处理，又能作为活性污泥法之后的深度处理，其主要依靠塘内生长的微生物来处理污水。

在稳定塘中，对污水或富营养水体的处理大致可分为絮凝沉淀、微生物的生物降解、藻类及水生植的净化。当污水进入稳定塘，水中溶解氧充分的情况下，好氧生物将污水中的有机碳作为碳源，氧化分解这些污水中的有机碳，最终变成二氧化碳和水，并将其产生的能源作为自身新陈代谢、维持生命活动的能源。而稳定塘中的厌氧微生物是将污水中的有机碳分解为有机酸，再将有机酸分解为其他物质。污水中氮的去除，大致有4种途径：生物同化吸收转换，氨氮的吹脱作用，硝化以及反硝化。氮源是微生物自身生长过程中必不可少的元素，污水中的氮主要是以氨氮和硝酸盐的形式存在。而对污水中氮源的去除，主要是依赖于硝化菌。硝化菌对氮的去除主要是以下几个方式：氨化作用、硝化作用、反硝化作用。磷在污水中主要是以溶解性的有机磷和无机磷的形式存在。对于溶解性的磷的去除原理大致分为以下几种途径：当光照充足，稳定塘中的藻类和水生植物利用其自身的光合作用能将溶解性磷转换为难溶性磷，在絮凝沉淀的物理作用下沉于塘底。微生物的降解也能很大程度上处理污水中的磷。稳定塘去除有害物质需要将污水浓度控制在一定范围内，有害物质浓度过高，会导致微生物的死亡，致使稳定塘失去原有的功能，形成二次污染；在有害物质处于低浓度的情况下，微生物降解一部分有害物质，例如苯、酚。植物吸收吸附重金属有害物质储存在体内，最后通过焚烧等手段去除。

稳定塘既能处理生活污水也能处理工业废水，并且同样也具有良好的处理运行效果，广泛运用于造纸、食品、皮革等工业废水的处理。但是，稳定塘依然有它自身的缺点。针对存在处理负荷较小、水力停留时间较长、占地面积过大、淤泥积留严重、污染地下水、散发臭味和滋生蚊虫等问题，许多学者专家对稳定塘进行改良，目前新型稳定塘工艺包括高效藻类塘、生态塘系统、水生植物塘、超深厌氧塘、移动式曝气塘和生物滤塘等。

（3）生态浮床

人工构建水生植物系统，降解水体中的污染物，实现水质净化。该方法施工简便、成本低、易管理、不占地，具有美化景观，增强生物多样性等优点。缺点是，除南方外，不适用于冬季，且河道通航受到限制。该技术适用于黑臭水体治理的水质改善和生态修复阶段。人工浮岛是指人为修建的一个浮体，在这浮体上种植水生植物的漂浮结构。其目的是利用植物吸附作用吸收以及微生物处理降解污水中的有机物、氮磷等物质，从而达到除污净水的目的。随着水环境问题的日益突出，人们越来越关心对水体的保护净化，希望通过以一种自然可持续的方式，对周边生活污水或者受污染的水体进行保护。在此背景下，人工浮岛越来越受到重视。人工浮岛因具有净化水质、创造生物的生存空间、改善景观等综合性功能，在水位水库或以恢复岸边水生植物带的湖沼或是在有景观要求的池塘等水域得到广泛的应用。它的主要机能可以归纳为四个方面：①水质净化；②给生物提供一个生活环境；③以自然的方式改善周边景观；④消波效果对岸边构成保护作用。

浮岛上的植物根系能吸附吸收污水中的氮、磷及重金属等物质储存在自身体内，降低水体的总氮总磷等指标以达到净水的目的。而植物根系又能为微生物生长提供载体，在水流动的过程中，附着在植物根系的微生物能去除污水中的有机污染物质及氮磷等。同时浮岛上的植物会吸引野生动物如昆虫、蝶类、鸟类、两栖动物等在此栖息，从而增加物种多样性，加快生态修复进程。

采用人工浮岛技术治理富营养化水体，不但效果显著，而且能为水生生物的自然恢复、生存和繁衍营造良好的水环境条件。现目前人工浮岛大致可分为两种：干式与湿式。简单来说，植物与水接触的为湿式，不与水接触的为干式。干式浮岛因植物与水不接触，可以栽培大型植物，构成良好的鸟类生息场所同时也美化了景观，但这种浮岛对水质没有净化作用；湿式浮岛里分为有框架和无框架两种，有框架的湿式浮岛，并且，据多位学者多年研究发现，人工浮岛的植物的选择多达30多种，其中包括美人蕉、芦苇、荻、水稻、水芹、向香根草等，其净水效果显著且美观。

（4）生态滤滩

恢复河道或溪流的原始流向，去直取弯，利用卵石或岩石在河道中间隔一定距离设置卵石滩，增加水流阻力，对水流起到曝气充氧作用，同时，卵石可以作为微生物的生长载体，进一步分解水中的有机物。此法适用于黑臭水体治理的水质改善和生态修复阶段。

（5）微生物强化净化

通过人工措施强化微生物的降解作用，促进污染物的分解和转化，提升水体的自净能力。一般可用于小型封闭水体，不适于大规模应用。

4.6　水生生境改善措施

目前，水生生境改善措施有人工鱼礁、人工鱼巢、气浮除藻等。

4.6.1　人工鱼礁

人工鱼礁是指人们在水体设置的构筑物，其目的是改善海洋环境，营造动、植物生存的良好环境，为鱼类等游动生物提供繁殖、生长发育的场所，达到保护、增殖和提高渔获量的目的。最初的人工鱼礁的功能是只针对鱼类，人们把各种各样的东西，如石头、水泥块、废木船、木箱、废汽车等，往海里投掷形成一种构筑物以诱集鱼类，造成渔场，以便于捕获为目的，是只以鱼类为对象。现在，对于鱼礁的作用对象不再仅限于鱼类，虾蟹、贝类等生物也可以模仿鱼礁的性质对其进行诱集增殖。据许多学者多年的研究分析结果表明，人工鱼礁的修建能给社会带来经济效益、生态效益和社会效益。近年来，我国大陆沿海由于过度捕捞和环境污染，渔业资源日渐枯竭。为了修复被破坏的海洋环境和恢复渔业资源，我国研究并建造了大量人工鱼礁。并且，正在大力兴起将鱼礁从海洋迁移到内陆河道，保护大江大河的水生态。

使用人工鱼礁的结构与材料能满足鱼类繁殖和经济效益最大化，为鱼类营造一个良好的生态环境栖息场所。同时，鱼礁的使用材料要从可持续无污染的角度出发，长时间投放于水体底部不能造成水体的污染，既要保护和恢复渔业资源，也要改善和修复水体水生态环境。人工鱼礁的类型较多，根据其投放的目的和作用，人工鱼礁可以分成生态保护型、渔业开发型和休闲渔业型等种类；按鱼礁的用途，它可以分为诱集鱼礁、增殖鱼礁、产卵礁、幼鱼保护礁和藻礁等。目前，多国学者在总结前人使用材料的基础上长时间研究发现，以下鱼礁的材料与结构最适宜投放于水体：

①混凝土鱼礁。这种鱼礁以混凝土材料为主，由于混凝土的可塑性很强，可以制造成各种形状的鱼礁，诱集鱼类效果好，经久耐用，成为目前各国最普遍使用的鱼礁制造材料之一。

②钢材鱼礁。以钢质材料制成的鱼礁构筑物，一般用钢制材料制成的鱼礁体型较大，坚固耐用，能够抵抗一定强度的风浪，但是，其造价成本较为偏高，使用情况不为普遍。

③废弃物人工鱼礁。废弃物一般指废弃船坞、废弃轮胎、废弃汽车等可以用来堆叠的人工摆设的鱼礁。这类鱼礁可以重复循环使用，使得废旧物品变废为宝，同时，这类鱼礁成本低。但是，由于废弃汽车船坞等便面有油漆，会对水体造成长久的污染，特别是在日本，这类利用废弃物作为鱼礁已经被抛弃。

④木竹鱼礁。以木材或竹子等材料制成鱼礁，在其中间栓一块巨大的石头沉入水体，

一般来说，由于这类鱼礁抗风浪性能差，容易被破坏，这类鱼礁适合放在浅海或沿岸。

⑤石料鱼礁。以天然块石作为礁体，直接投放于海底堆叠成一定形状的鱼礁；或者预先将天然块石加工成条石料，然后砌成所需类型的鱼礁。

人工鱼礁材料的选择应该遵循效果好，造价低，耐用性强，无污染。对于人工鱼礁结构，五花八门，各种形状都有。常见的有箱型鱼礁、方型鱼礁、三角型鱼礁、圆台型鱼礁、框架型鱼礁等。

水温影响着鱼种的分布，人工鱼礁区水温的变化影响着生物的组成。盐度是影响海洋生物生存以及生长发育的重要因素，盐度的变化对附着生物也存在着显著的影响，随着海区盐度的变化，附着生物的种类组成和数量也会发生变化。在不同的海区，盐度相同会出现相同的附着生物；在同一海区，随着盐度的变化，海区的生物群落也会发生明显的梯度变化。鱼礁投放入海后，其周围海域的非生物环境发生变化，这种变化又引起了生物环境的变化。而鱼礁本身作为一种附着基质，附着生物开始在其表面着生，其着生量除与附着生物本身的种质有关外，还与水深、透明度等非生物环境密切相关。人工鱼礁投放后，礁体表面通常会着生附着生物，附着生物的种类和数量会随着时间的变化而变化，潮流、营养盐等对鱼礁区附着生物的种类和数量也会产生明显的影响。

4.6.2 人工鱼巢

人工鱼巢也叫人工鱼窝，是人为地的为各种鱼类的产卵提供一个场所。鱼卵安置在鱼巢中，以便鱼卵孵化。原来的很多河段水草丰茂，是鱼类繁殖、生长的好场所，但现在随着河道护坡固化，水生植物减少，鱼类"婚床"、"产床"受到破坏，受精率及受精卵成活率下降。所以，修建人工鱼巢以保护鱼种也迫在眉睫。人工鱼巢均需设在水流相对平缓、环境安静的河面，用毛竹、棕榈叶等材料建成，模拟出一种类似天然水草的环境。

鱼巢材料多种多样，结构复杂，不同的材料与结构相结合而成人工鱼巢的性质与用途也各不相同。一般来说，人工鱼巢大致可以划分为天然植物人工鱼巢、人造水生植物鱼巢、网片人工鱼巢和鱼巢砖等几种类型：

①天然植物人工鱼巢。天然植物人工鱼礁大多是用木材作为基础结构，按照一定的排列方式捆扎做成基本结构。在以木材为材质的基本结构上，用植物或根须等材料基质铺满束扎在结构上。一般来说，基质有猪毛草、杨柳须根、榕树根等。但是，木材放入水体中容易腐烂，所以，天然植物人工材料的使用寿命很短，同时，可能还会出现污染水体的现状。

②人造水生植物鱼巢。其一般材料为聚乙烯或者聚丙烯，它的优点在于长期固定使用，不仅可以作为产卵场和育幼场，还可供鱼类栖息、索饵。

③网片人工鱼巢。主要组成部分是用于产卵、孵卵的网片以及用于使鱼巢悬浮特定

水层的沉子或使鱼巢固定的框架结构。网片人工鱼巢具有来源广、鱼卵分布均匀、便于收集鱼卵、透气性强等优点。但网片人工鱼巢对产卵亲鱼诱惑力低，附着效果较差，使用前需要进行清洗、消毒，过程较为烦琐。

④鱼巢砖。鱼巢砖可以有效抵御外界流速变化，鱼巢砖将生态系统的基本功能与挡墙的安全防护功能有机结合，构件稳定兼作小型水生动物的栖息、躲避场所，符合现代水利对水岸防护工程的要求，在未来的鱼巢使用中具有广阔前景。

人工鱼巢的主要目的是为鱼类提供一个产卵的场所。影响人工鱼巢效果的因素很多：首先，位置的选择很重要。根据鱼巢材料与结构的不同以及制造出的鱼巢的功能性质选择投放水体时，应注意其投放点的选择。潘澎分析了郁南江段人工鱼巢两年的效果均不甚理想的原因，认为是与鱼巢设置的位置有关。其次，设置鱼巢的时间也很重要。一般来说，春季是大江大河中鱼类繁殖的最高峰，选择合适的时间投放鱼巢，为繁殖期的鱼类提供产卵的一个场所，有助于繁殖率与生长率的提高，提升当地渔业经济效益。同时，还能保护濒危物种的延续，达到生态多样化。其中水温对鱼巢的功能也有影响。据统计，2016年同期水温略低于2015年，鱼巢设置下水后水温一直较低，鲤鱼基本不产卵。另外，周边繁殖群体资源量也是影响人工鱼巢效果的因素之一。若水体资源量不满足鱼巢上鱼卵的孵化和生长时，大量的鱼卵还会死亡，这会导致水体发臭，加重水体污染，同时，也影响着周边水体物种的生活栖息地。

生态修复技术包括水生生物恢复和藻类控制等。水生生物恢复利用水生植物及其共生生物体系，去除水体中的污染物、改善水体生态环境和景观。此法需要考虑不同水生生物的空间布局与搭配，属于非工程治理措施，主要适用于小型浅水水体。

此外，黑臭水体水质改善后经常会遇到水华藻类暴发问题，因此控制水华藻类是实现水质长效保持的必要措施，需要采取综合措施进行控制，如强化水循环、水流扰动抑藻，投放滤食性鱼类等。此法适用于营养盐水平较低的富营养化水体的水质长效保持。

4.7 新型的治理技术

气浮除藻是指在处理水体中通入微小气泡，这些大量的高度分散的气泡与水体中的杂质等微小颗粒相互吸附，形成比重比水小的浮渣，在浮力的作用下浮上水面，达到固液分离的效果。藻类物质比重小，疏水性强，很容易与气泡相互结合浮出水面去除。水体中存在的藻类有蓝藻、绿藻、硅藻等，铜绿微囊属于蓝藻，是我国富营养水体中的主要污染藻源。铜绿微囊藻的生长繁殖具有生态优势，它可分泌毒性很强的肝毒素和神经毒素，对水体生态及人类健康具有极大的危害性。

4.7.1 气浮除藻工艺

近年来，气浮除藻的工艺层出不穷，例如电絮凝—电气浮技术、混凝—气浮工艺、部分回流式压力溶气气浮法、浅层气浮工艺等。但是，在诸多气浮除藻工艺中，混凝—气浮工艺因其投资成本低、气浮除藻效果好得到广泛的应用，其工艺研究已经走向成熟，我国各地普遍采用混凝—气浮工艺。混凝—气浮工艺是在气浮除藻过程中加入絮凝剂以增强吸附、絮凝过程，更大程度上去除富营养水体中的藻类，达到净水目的。在气浮除藻时，混凝的主要目的是改变藻类细胞表面特性，破坏藻类细胞表面的稳定性，改变细胞表面电荷，使待处理水体中的藻类与混凝剂发生强烈的吸附作用，在气浮的过程中更容易与气泡进行结合，以达到提高去除率的目的。考虑经济效益与使用价值性，一般使用的絮凝剂有铝盐絮凝剂和铁盐絮凝剂。

检验水体富营养化去除效果最重要的一个指标是藻细胞去除率，降低水中藻细胞含量能抑制富营养化。另外，浊度去除率、色度去除率、COD 去除率等其他指标也不能忽视。各种除藻工艺都具有效果很好的藻细胞去除率。压力溶气气浮的蓝藻去除率为 80% 以上、浊度去除率为 98.8%、色度去除率为 98.1%、COD 的去除率为 95.8%，可以满足后续处理的要求；混凝—气浮除藻工艺浊度、色度、藻浓度和 TOC 的去除率分别为 90.1%、77.2%、92% 和 33.4%。近 20 年来，诸多研究结果表明，运用除藻工艺，对富营养化水体进行除藻的效果可观。

1. 预处理提升除藻率

预氧化能有效地去除水体中部分有机物，并起到良好的助凝除浊作用。常见的氧化剂有高锰酸钾、液氯、臭氧、二氧化氯等。

高锰酸钾作为强氧化剂能氧化分解水中的有机物，增大有机物与混凝剂接触的比表面积，同时高锰酸钾自身分解会产生水合二氧化锰类的化学物质，这些物质都是有效的助凝剂。投加高锰酸钾氧化剂，出水浊度去除率提高了 8.76%，藻类去除率提高 10.81%。但是，投加过量的高锰酸钾会使水体变成粉红色，锰含量过高，造成二次污染。因此，使用高锰酸钾进行预处理的同时，要控制投加量，不宜过高。

液氯价格便宜，能快速杀死水体中的藻细胞，加强絮凝效果。投加液氯，出水浊度去除率提高了 10.09%，藻类去除率提高 11.65%。但是，氯作为强氧化剂，在投加量过高的情况下，会导致藻细胞结构破裂，细胞内的有机物会被释放出来，影响混凝效果、除藻率和出水浊度。此外，在铜绿微囊藻处理时，铜绿微囊藻为产毒素藻类，细胞内的有机物大多为有毒物质，使用液氯进行预处理时，投加量控制不当，会致使铜绿微囊藻内的有机物释放出来，并与液氯发生化学反应，产生卤乙酸等三致化学物质，影响着水体水质安全性。

过氧化氢也是预处理常用的氧化剂。过氧化氢投放进水中，生成具有较强氧化能力的 OH⁻，过氧化氢与 OH⁻ 共同作用下，可降解藻细胞表面的物质，失去稳定性，在气浮过程中，更容易絮凝产生浮渣。使用过氧化氢作为预处理的氧化剂，出水浊度去除率提高了 11.12%，藻类去除率提高了 9%。相对于高锰酸钾与液氯，过氧化氢的氧化反应效果很慢，处理时间较长。

在预处理中，臭氧处理低浊、高藻、有色、不易沉淀的原水时，对于流量和原水水质的变化具有良好的适应性。臭氧可改变藻类分泌物的性质，使藻细胞外分泌物分子质量变小，增加臭氧预处理后，生成氧气，可充当微小气泡，与藻类细胞吸附结合，浮至水面形成浮渣，且无二次污染。低投加量的臭氧会影响藻细胞的形态，进而通过有效的混凝沉淀将藻类去除；高投加量的臭氧会使藻细胞裂解，导致细胞内的有机物释放出来，此胞内有机物对混凝有阻碍作用。另外，臭氧其生产困难、成本居高，目前的研究无法满足利用臭氧预处理进行气浮除藻的大力推广。

富营养化水体中，蓝藻对 ClO_2 最为敏感，相关研究表明，用 ClO_2 进行预处理的除蓝藻率达到 100%，同时，ClO_2 价格低廉、效率高、无致癌副产物等优点，在预氧化环节得到了广泛的研究，并大力推广。但是，同样的问题，利用 ClO_2 预处理后，会产生副产物。由于水体中有机物的存在，会与 ClO_2 发生化学反应产生副产物 ClO_2^- 和 ClO_3^-。

2. 复合絮凝剂提升除藻率

利用复合絮凝剂对水体脱浊除藻的效果的研究受到了广泛的关注。复合絮凝剂的种类五花八门，但是大多都是有机絮凝剂与无机絮凝剂的结合。李潇潇等研究表明，PAC/PDM 复合混凝剂可比使用 PAC 减少投加量 20.00%~35.00%，同时除藻率尚可提高 1.25%~1.88%；赵晓蕾等研究表明 PAC/PDM 复合药剂与 PAC 相比，要求沉淀出水余浊为 2NTU 时，节省加药量 27.8%~56.8%，同时仍可减少出水藻细胞密度 19.4%~43.0%。许多学者对复合混凝剂能否提高除藻率给出了肯定的答案。针对高浊度高藻率水体，单一的混凝剂有时无法满足处理效果，出水水质无法达标。采用复合混凝剂是一种不错的选择，大量的研究都证实了采用有机与无机相结合的复合混凝剂比单一絮凝剂的除藻率更加明显有效。复合絮凝剂的除藻降浊效果显著，在处理含藻水体时，单一或复合混凝剂的选择要根据水体的含藻率、浊度、色度等指标综合考量。使用量过多会造成二次污染，带来负面效果。

气浮除藻的主要目的就是降低水体中藻细胞含量，提高水体浊度、色度等的去除率。混凝是气浮除藻技术的主要影响因素之一，铝盐与铁盐是常见的混凝剂，综合考虑混凝剂的投加量、投加成本及除藻效果，PAC 是目前市场上使用得最多的絮凝剂。另外 pH、回流比、气浮时间等也是影响除藻效率因素。近年来，随着各水体受污染，水质恶化严重，需要提高气浮除藻的效果。研究表明，预氧化和复合混凝剂能提高除藻降浊效果。预氧化中要注意氧化剂的投加量，太少起不了预处理作用，太多会破坏藻类细胞结构，释放细胞内的有机物物质，加重水质处理。复合氧化剂一般是有机与无机氧化剂的结合。研究表明，复合氧化剂比单一氧化剂处理效果更好，能够应对高藻率高浊度水源。

4.7.2 微纳米曝气技术

微纳米气泡发生装置主要由发生装置、微纳米曝气头及连接管件组成，通过水泵加压，由曝气头内部的曝气石高速旋转，在离心作用下，使其内部形成负压区，空气通过进气口进入负压区，在容器内部分成周边液体带和中心气体带，高速旋转的气室出气部将空气均匀切割成直径 5～30μm 的微纳米气泡。由于气泡细小，不受空气在水中溶解度的影响，不受温度、压力等外部条件限制，可以在污水中长时间停留，具有良好的气浮效果。

根据双膜理论，在人工曝气时水体中气液两相产生相对运动，氧分子在气液双膜上进行分子扩散和在膜外对流扩散，因此传质的阻力主要集中在气膜和液膜上。氧气的传质过程即是利用气膜中存在的氧分压梯度和液膜上的氧浓度梯度形成的推动力来实现的。人工曝气在水体中形成球形气泡，气泡表面积较大，球形气泡内气体存在的附加压力与气泡表面张力成正比，与气泡半径成反比，因此，当缩小气泡尺寸时，能大大提高气泡内的气体的压力，增加气—液传质的推动力，有利于提高氧气的利用效率。

人们在提高曝气设备充氧效果研究过程中，把水中气泡直径在十到几十微米的气泡叫作微米气泡，大小在数百纳米以下的气泡称为纳米气泡，介于微米气泡和纳米气泡之间的混合气泡群，即微纳米气泡。微纳米曝气系统，是大面积气相、液相界面技术，这种技术采用超高压气水混合方法，在超饱和状态下产生大量微米、亚微米级氧气泡。由于气泡颗粒的直径越小，其表面积越大，表面的极性越大，表面能量也越大，量变必然引起质变，气泡直径达到微米、亚微米级时，会产生很多新的性质。

微纳米气泡极大地增加了空气和水的接触面积，氧分子易溶入水的原子团间隙中，空气中约有 85% 的氧可充分溶解于水中，使水中的溶解氧达到过饱和，水中的有机物易发生氧化还原反应而被分解。

微纳米气泡在沉降、破裂的过程中，能促使水的表面张力降低，水分子甚至发生分解，即 $H_2O=H^+ + OH^-$，其中的氢氧基和水分子重新结合，形成新的水合物，即 $H_2O + OH^- = H_3O_2^-$，这种水合物具有剧烈的氧化还原作用，OH^- 自由基的氧化作用尤其明显，故该水合物能将水中有机物直接分解。

由于微纳米曝气技术工作原理及所产生的气泡大小与常规曝气装置有很大的不同，因此该装置产生的微纳米气泡具有以下独有特点：

（1）电离现象：气体在水中的溶解度受气压影响较大，但电解质的离子化水可以让溶入的微纳米气泡表面形成双层电离子，并随着表面积的不断减少而急剧收缩，可以让气泡内的气体散逸得以抑制，从而大大提高了溶解度。

（2）超声波性：微纳米气泡由于高能破裂而产生超声波，这种超声波具有较强的杀菌作用。

（3）带电性：微纳米气泡表面带有负电荷，所以气泡间很难合为一体，在水体中能产生非常浓密的气泡，不会像常规气泡一样会因融合增大而破裂。通常微纳米气泡的表面电位为 $-30 \sim 50\text{mV}$，可以吸附水体中带正电的物质。利用表面电荷对水体微粒的吸附性，可以把水体中的有机悬浮物固定。因此，该技术在提高溶解氧的同时，也具有一定的水质净化效果。

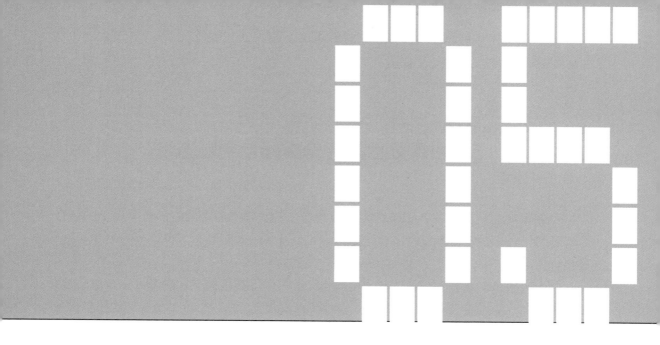

第5章
三峡库区水域黑臭水体评价
与长制久清对策

5.1　黑臭水体评价指标与判断方法

水体黑臭判断标准尤其是关键指标的选取，是水体黑臭预测、评价和修复的依据，是水环境治理中的重要基础性工作。通过对水体环境的正确评价才能为制定科学合理的整治规划提供依据，也将直接影响决策的科学性和合理性。

已有的水体黑臭指标评价方法可分为两大类：一类是根据黑臭状况与环境因素的相关性确定判别关系式，利用判别关系式进行黑臭判别，其优点是确定过程相对比较科学，存在的问题是所选关键指标不够全面，而且判别式的确定以及计算过程相对较复杂；另一类是先确定引起水体黑臭的关键指标，进而确定这些指标的临界值，如超过阈值则表明水体为黑臭。第二类方法在实际应用中较为方便和快捷，指标的选取及单个指标临界判断标准的设定是其关键所在。由于有时大部分指标达标，而单个指标超标并不会引起水体黑臭，因而如何在单个指标临界值的基础上建立多个指标的综合临界标准是其需要解决的问题。胡国臣建立了水体黑臭的感官评价标准，将水色分为黄灰绿无臭、灰褐微臭、黑臭、深黑恶臭 4 级；水体臭味感觉级别以距离划分，微臭为贴近水面有感觉、黑臭为站在河旁有感觉、恶臭为距离河流 1m 以外有感觉。由于感官评价方法因个体判断存在较大差异，使得评价结果往往存在较大的不确定性。

5.1.1　有关评价指标

目前国内外水体黑臭判别指数及方法已有很多种，虽然不同的方法所选取的关键指标各有差异，但主要采用与水体黑臭具有直接关系的指标来构建水体黑臭判断指标体系。目前水体黑臭评价中选用频率较高的指标是 DO、NH_3-N、COD_{Mn} 和 BOD_5、TP、透明度、色度、氧化—还原电位（ORP）等。《城市黑臭水体整治工作指南》中给出的评价指标包括透明度、DO、氧化还原电位（ORP）和 NH_3-N；华南理工大学研究成果表明，当水体中透明度小于 25cm 或 DO<1.5mg/L 时，则判定水体出现黑臭，反之则判定为不存在黑臭现象。水专项相关研究成果以溶解氧为核心，建立了包括 DO 值、臭阈值、透明度、色度等 4 项指标黑臭水体评价体系，其阈值分别为 DO 值 1mg/L、臭阈值 100、透明度 25cm、色度 20，当其中任意一个指标值超过阈值时，则可判定其为黑臭水体。《江苏省城市环境综合整治技术指南》中给出的河道黑臭技术评价标准为 DO ≤ 2mg/L、COD_{Mn} ≥ 215mg/L、NH_3-N ≥ 8mg/L、TP>0.8mg/L，当其中任一指标超标均视为黑臭河道。河道黑臭感官评价标准为河水颜色黑或异常，有异味且居民有投诉。

5.1.2　评价方法

1. 目前常用的评价方法

（1）黑臭污染指数评价

黑臭污染指数评价公式由上海自来水公司提出，黑臭污染指数主要根据 NH_3-N 含量和黑臭污染指数（I）=NH_3-N 实测值（mg/L）（DO 饱和率确定 +0.4）。当黑臭污染指数大于 5 时，水体出现黑臭；当黑臭污染指数大于 7.5 时，水体黑臭严重。该模型主要应用于黄浦江水系早期的河道黑臭评价，曾起过一定的积极作用，也为之后的河道黑臭评价研究提供了一定基础。但由于所使用的因子太少，而河道黑臭又是许多因素共同作用的结果，所以该模型具有很大的片面性，不能准确、全面地评价河道黑臭。

（2）有机污染综合评价

黑臭的评价选用 DO、BOD_5、COD、NH_3-N 四项指标，采用有机污染综合评价法（A值法）进行评价，评价标准选择确定为《地表水环境质量标准》GB 3838—2002 标准中的 V 类水质下限，有机污染指标 A 值为 2~3 时表明黑臭开始，3~4 时处于黑臭状态，大于 4 时处于严重黑臭状。

（3）单一指数法（DO 指数法）

单一指数法以 DO 作为主要评价指标，以《地表水环境质量标准》GB 3838-2002 中规定的 V 类标准中 DO 浓度和 COD 浓度来评价水体黑臭。当 DO 大于 2mg/L，COD 小于 40mg/L 时，DO 指数等于 0，表示没有黑臭；当 DO 小于 2mg/L，COD 大于 40mg/L 时，DO 指数等于 1，表示水体出现黑臭。单一指数法在苏州运河得到应用。

单一指数法仅根据地表水 V 类标准中的 DO 和 COD 浓度来评价水体黑臭，而此标准只能评价水体是否为 V 类或劣 V 类水体，用来评价河道黑臭不够准确。

（4）河流综合水质标识指数法评价

上海市环保局结合水环境治理评价实践，提出了河流水质综合评价方法—河流综合水质标识指数法，综合水质标识指数：

$$I_{wq}=X_1X_2X_3X_4 \qquad\qquad （5-1）$$

式中：

X_1——河流总体的综合水质类别，由计算得到；

X_2——综合水质在 X_1 类水质变化区间内所处位置，由计算得到；

X_3——参与综合水质评价的水质指标中，劣于水环境功能区目标的单项指标个数；

X_4——综合水质类别与水体功能区类别的比较结果，视综合水质的污染程度，X_4 为一位或两位有效数字。

X_1、X_2 可采用 DO、COD_{Mn}、BOD_5、NH_3-N 及 TP 等 5 个指标来计算得到，如式（5-2）所示：

$$X_1X_2 = \frac{1}{5}\left(P_{DO}+P_{CODMn}+P_{BOD5}+P_{NH3\text{-}N}+P_{TP} \right) \qquad (5\text{-}2)$$

式（5-2）中的 P_{DO}、P_{CODMn}、P_{BOD5}、$P_{NH3\text{-}N}$、P_{TP} 项分别为 DO、COD_{Mn}、BOD_5、$NH_3\text{-}N$ 和 TP 等 5 个水质因子的单因子水质指数。参数标准值分别为：DO $\geqslant$ 2.00mg/L、COD_{Mn} $\leqslant$ 15.00mg/L、BOD_5 $\leqslant$ 20.00mg/L、$NH_3\text{-}N$ $\leqslant$ 8.00mg/L、TP $\leqslant$ 0.80mg/L，一般情况下，个别指标超标并不能引起水体黑臭，当遇到 5 项参数的其中之一不符合要求但总体水质较好的情况时，应考虑所有指标的综合影响，此时应采用综合黑臭指数 X_1X_2 来判断黑臭程度，根据 X_1X_2 的计算结果，得到综合水质级别判定表 5.1-1。

综合水质级别判定表

表 5.1-1

判断依据	综合水质级别	判断依据	综合水质级别
$1.0 \leqslant X_1X_2 \leqslant 2.0$	I 类	$5.0 < X_1X_2 \leqslant 6.0$	V 类
$2.0 < X_1X_2 \leqslant 3.0$	II 类	$6.0 < X_1X_2 \leqslant 7.0$	劣 V 类但不黑臭
$3.0 < X_1X_2 \leqslant 4.0$	III 类	$X_1X_2 > 7.0$	劣 V 类且黑臭
$4.0 < X_1X_2 \leqslant 5.0$	IV 类		

该评价方法既考虑了单个水质因子的作用，又综合考虑多个水质因子之间的相互作用，既可以用于河流水质类别的评价，又可以用于评价河道黑臭，是一种比较全面的河道黑臭评价方法。该方法目前仅用于上海地区各河道的黑臭评价，至于是否能在不同地区，不同河道的黑臭评价中进行推广还有待研究。

2. 水质指标比值法

日本学者认为，根据 BOD_5/COD_{Mn} 的比值可推测水体污染物的分解程度，温灼如等据此使用 BOD_5 与 COD_{Mn} 的比值（BOD_5/COD_{Mn}）推测苏州市水网的黑臭程度，此办法将评价结果划分为 3 类：黑臭类：当 I $\geqslant$ 1.3、BOD_5>13mg/L，或者 I $\geqslant$ 1.3、BOD_5>20mg/L，水体呈现黑臭；微黑臭（过渡）类：当 I $\geqslant$ 1.3、11mg/L < BOD_5 < 13mg/L，或 1.0 < I < 1.3、13mg/L < BOD_5 < 16mg/L，或 1.0 < I < 1.3、16mg/L < BOD_5 < 20mg/L，水体呈现微臭；非黑臭类：I > 1、BOD_5 < 11mg/L 或 I < 1、BOD_5 < 16mg/L 时，水体不会黑臭。

水质指标比值法通过分区评价，结合了 BOD_5 与 COD_{Mn} 及其比值，并用黑度的实测值与预测值进行比较检验，较其他方法有所改进，但同样存在考虑因素不周全的问题。且该方法根据水体生物分解程度来预测黑臭，却没有指明具体有哪些生物种类，因而方法的可行性有待商榷。

3. 表观污染指数（SPI）

根据实际需要，可以利用其他指标，如表观污染指数（SPI）等辅助开展黑臭水体治理效果评估。SPI 是一种定量描述水体表观污染程度的指标，其测定原理和评价方法如下：

（1）测定原理

根据水中的污染物对光产生吸收、散射和反射作用，而使水体呈现不同表观性状，通过测定可见光范围内的吸收光谱，表征水体表观污染程度。测定原始水样和过滤后水样的可见光吸收光谱，按照式（5-3）计算 SPI。SPI 值越大，表明水体表观质量越差，反之则表观质量越好。

$$SPI=26\ln(\beta x-10)-60 \qquad (5\text{-}3)$$

式中：

x——水样过滤前后吸收光谱扫描曲线的面积差；

β——颜色修正系数，水体颜色为绿色时 β 取值 0.21，黄色取值 0.40，灰色取值 0.42，黑色取值 1.0。

（2）测定方法

在采样点泓线水面下 0.2～0.5m 间采集一定量水样，并记录采样断面水体颜色。水体清澈或呈纯绿色时记为绿色；呈黄色（如土黄、黄绿等）记为黄色；带灰色（如灰绿、灰白、灰褐等）均记为灰色；带黑色（如灰黑、黑绿等）均记为黑色。测定原水样和用 0.2μm 滤膜过滤后的水样在 380～780mm 范围内的吸收光谱（使用 10cm 石英比色皿），根据吸收光谱曲线或在各波长时的吸光度数据 A_i 和 A_i'，如在扫描步长为 5m 时，可获得 81 组数据，x 的计算如式（5-4）所示：

$$x = 5 \times \sum_{i=1}^{n=81}(A_i - A_i') \qquad (5\text{-}4)$$

式中：

x——水样过滤前后吸收光谱扫描曲线的面积差。

（3）水体表观质量评价

根据 SPI 值评水体表观质量较差，一般参考标准：SPI ≥ 70，水体表观质量差；45 ≤ SPI < 70，水体表观质量较差；25 ≤ SPI < 45，水体表观质量尚可；10 ≤ SPI < 25，水体表观质量较好；SPI < 10，水体表观质量好。

由于 SPI 是通过仪器测定的，具有客观性，方便经常性监测，可以黑臭水体治理前后水体 SPI 值的变化来判断治理效果。该方法在多个地区进行了应用并验证，证明可以适用于不同地区。

5.1.3 黑臭水体的分级与判断

1. 分级标准

根据黑臭程度的不同，可将黑臭水体细分为"轻度黑臭"和"重度黑臭"两级。水质监测分级结果可为黑臭水体整治计划制定和整治效果评估提供重要参考。《城市黑臭水体整治工作指南》中对黑臭水体的分级标准见表5.1-2。

黑臭水体污染程度分级标准 表5.1-2

特征指标	轻度黑臭	重度黑臭	备注
透明度 /cm	10 ~ 25	< 10	当水深不足25cm时，此指标按水保的40%取值
DO/（mg/L）	0.2 ~ 2.0	< 0.2	
氧化还原点位 /mV	−200 ~ 50	< −200	
NH_3–N（mg/L）	8.0 ~ 15	> 15	

2. 布点与测定频率

水体黑臭程度分级判定时，原则上可沿黑臭水体每200 ~ 600m间距设置监测点，且每个水体的监测点不少于3个。取样点一般设置于水面下0.5m处，水深不足0.5m时，应设置在水深的1/2处。原则上间隔1 ~ 7日监测1次，至少监测3次以上。

3. 黑臭水体级别判定

对于某监测点的4项指标中，如1项指标60%以上数据或不少于2项指标30%以上数据达到"重度黑臭"级别的，该监测点应认定为"重度黑臭"，否则可认定为"轻度黑臭"。连续3个以上监测点认定为"重度黑臭"的，监测点之间的区域应认定为"重度黑臭"；水体60%以上的监测点被认定为"重度黑臭"的，整个水体应认定为"重度黑臭"。

5.1.4 黑臭水体治理效果评估

对已认定为黑臭的水体进行治理后，还需对其整治效果进行评估。判定整治后水体情况，例如结合城市水体的水质水量特征、水环境容量及水体自净能力，对整治工程实施后的水体黑臭状况进行预测。效果评估方法包括：公众评议、理化指标监测、工程实施过程评估等。

1. 公众评议

根据《城市黑臭水体整治工作指南》，公众调查评议结果是判断地方政府是否完成黑臭整治目标的主要依据，所以在黑臭水体整治效果评估工作中强调了公众参与的作用，并且以此作为一个黑臭水体治理工程是否合格的重要评判依据。重庆市应《住房城乡建设部办公厅环境保护部办公厅关于做好城市黑臭水体整治效果评估工作的通知》要求，评估单位设计了公众调查实施方案，方案中明确了以客观、公正的调查方式，并采用现场随机调查调查方式，当场发放问卷并当场回收。例如现场调查，在黑臭水体整治现场设立宣传点，随机发放调查表，除此之外还设置了定点调查，在社区服务中心设立宣传点，随机发放调查表。在溉澜溪（江北段）黑臭水体整治工程中，进行的公众评议调查范围为溉澜溪（江北段）周边半径1公里附近，并按照当地最高频率的下风侧，距黑臭水体2公里范围内，对江北区溉澜溪黑臭水体整治工程河段沿岸的单位员工、学校师生、社区居民、商户、路过人员等采用人员走访的方式进行了问卷调查。

2. 理化指标监测

理化指标监测是具有计量认证资质的第三方监测机构（一般可选择黑臭水体治理前等级判定的检测单位）根据地方人民政府或有关部门委托，于工程实施前后对理化指标进行整治效果评估，还可考虑选用其他参考评价指标（如SPI等），开展辅助评估。第三方监测机构可按每200～600m间距设置检测点，但每个水体的检测点不少于3个。每1～2周取样1次，连续测定6个月，取多个监测点各指标的平均值作为评估依据。第三方监测机构应系统整理黑臭水体整治前后的水质变化情况，作为第三方评估或专家评议的主要依据。为更好评价整治后水体环境改善情况，重庆市渝北区环保局亦委托重庆新天地环境检测技术有限公司对溉澜溪（渝北段）整治后水体环境进行监测评价，在针对溉澜溪（渝北区段）黑臭水体整治效果评估时，采取的理化指标监测具体实施方法使在全河段共设置4个监测点对透明度、溶解氧、氧化还原电位、氨氮进行监测，共取样3次，每隔5天取样一次。监测方法如表5.1-3所示。

四项指标监测方法 表5.1-3

监测类型	监测项目	监测方法	监测依据
地表水	透明度	塞氏盘法	《水和废水监测分析方法》（第四版）HJ/T535-2009
	溶解氧	电化学法探头法	
	氧化还原电位	电极法	
	氨氮	纳氏试剂分光光度法	

3. 工程实施过程评估

工程实施过程评估作为整治效果评估的辅助材料，主要方法是收集工程实施单位或有关部门应系统整理水体整治工程实施记录及水体整治前后的相关影像材料，包括工程施工进度情况、施工过程的图片及影像等，通过对施工过程的监督，判定在治理过程中，管理是否规范，各部门分工及责任是否明确。重庆市涟澜溪（江北段）河段的黑臭水体整治工程涉及多个子单位工程项目，是在多家单位合作中共同完成的。重庆市科学技术研究院自接受评估任务以来，按照《住房城乡建设部办公厅环境保护部办公厅关于做好城市黑臭水体整治效果评估工作的通知》等相关规定的要求，与建设、设计、施工等单位积极对接，按子工程整理了主要工程资料。其中包括了新华水库应急引流管道江北区段工程和涟澜溪溪沟（水库）环境综合整治工程的相关文件。从前期现场勘察施工到工程竣工，工程保留有大量图片及影像资料，真实有效地记录了整治工程各时期的进展及施工情况，评估结果为评估单位认为涟澜溪（江北段）黑臭水体整治主体工程已完工，资料齐全，符合《城市黑臭水体整治工作指南》中关于黑臭水体整治效果评估工作的相关要求。

对于黑臭已经基本消除，但生态自净能力相对较弱的城市水体，还应强化生态修复工程建设，确保整治工程长效运行。因此，在对黑臭水体进行治理后，对水体进行长制久清还是一个很艰巨的任务。

5.2　长制久清对策

城市黑臭水体的治理是一个复杂的系统工程，在一个城市当中，城市水体是城市生态系统中必不可少的一个重要组成部分，具有水体循环、改善城市气候等多种功能。由于目前我国城市的快速发展，城市中水环境质量受到严重威胁，据权威部门统计，截至2016年，全国近300个地级以上城市黑臭水体总认定数为201个，城市水体普遍受到污染，黑臭水体逐渐增多，已严重影响了居民的生活质量。因此对事先的黑臭水体成因分析和治理后的长效保持措施不容忽视。从根本上来说，治理黑臭水体的原理基本相同，即使用科学系统的治理技术路线，另外，还需要建立长效机制，保障城市水体水质长效管理。黑臭水体治理后，可能会面临污染负荷再度升高等问题，使得水体水质恶化和黑臭反复，因此需要保证水质有效管理，确保水质改善效果的长效性。消除黑臭后的水体，仍然是富营养化水体，藻类容易爆发，最终导致黑臭，应采取必要措施控制水华。在水体管理维护过程中，加强水体周边的生活垃圾控制管理，严禁生活垃圾直接入水体。同时，要定期清淤疏浚，防止底泥上浮加重水体污染，造成水体再度黑臭。

黑臭水体成因复杂，影响因素众多，是水环境污染治理的难点。黑臭水体的治理应从长远考虑，黑臭水体的治理应按照"外源减排、内源控制、水质净化、补水活水、生态恢复"的技术路线，科学制定治理方案。

5.2.1　相关政策要求

1. 水污染防治行动计划

2015年4月,《国务院关于印发水污染防治行动计划的通知》(国发〔2015〕17号)下发,也就是人们常说的"水十条"。其中明确规定:"城市人民政府是整治城市黑臭水体的责任主体,由住房城乡建设部牵头,会同环境保护部、水利部、农业部等部委指导地方落实并提出目标:2017年年底前,地级及以上城市实现河面无大面积漂浮物,河岸无垃圾,无违法排污口,直辖市、省会城市、计划单列市建成区基本消除黑臭水体;2020年年底前,地级以上城市建成区黑臭水体均控制在10%以内;到2030年,全国城市建成区黑臭水体总体得到消除。"

2. 城市黑臭水体整治指南

2015年8月,《住房城乡建设部、环境保护部关于印发城市黑臭水体整治工作指南的通知》(建城〔2015〕130号)下发,明确地级及以上城市要在2015年底前向社会公布本地区黑臭水体整治计划(包括黑臭水体名称、责任人及整治达标期限等),并接受公众监督。随通知印发了《城市黑臭水体整治工作指南》,由住房城乡建设部会同环境保护部、水利部、农业部共同组织制定,主要包括城市黑臭水体定义、识别与分级、整治方案编制、整治技术、整治效果评估、组织实施与政策保障等内容,旨在指导地方各级人民政府加快推进城市黑臭水体整治工作,改善城市生态环境,促进城市生态文明建设。此后,住房城乡建设部组织编制了《城市黑臭水体整治——排水口、管道及检查井治理技术指南(试行)》要求包括对排水口进行调查与治理,排水管道及检查井检测与评估,排水管道及检查井修复与治理,截污调蓄与就地处理,排水管道、检查井及排水口维护管理等。

3. 黑臭水体整治效果评估

2017年5月,《住房城乡建设部、环境保护部关于做好城市黑臭水体整治效果评估工作的通知》(建办城函〔2017〕249号)下发,两部委细化了城市黑臭水体整治效果评估要求,并明确规定:"直辖市、省会城市、计划单列市城市黑臭水体整治要在2017年底初见成效,2018年达到长制久清;其他地级及以上城市黑臭水体整治要在2019年底初见成效,2020年达到长制久清。"

4. 中央督查

因此,城市黑臭水体整治已经成为地方各级人民政府改善城市人居环境工作的重要内容。2016年9月~2016年10月,为贯彻落实国务院《水污染防治行动计划》("水十条")要求,按照国务院办公厅督查室统一部署,《住房城乡建设部办公厅关于开展城市黑臭水体治理情况专项督查的通知》(建办城函〔2016〕810号)下发,决定对全国城市黑臭水体治理工作开展专项督查。

同年,环境保护部开展了中央环保督查,督查组组长由正部级干部担任,副组长由环保部现职副部级干部担任。从 2016 年起，中央环保督察组将用两年左右时间对全国各省区市全部督察一遍。督查对象为各省级党委和政府及其有关部门、部门地市级党委和政府，督查的重大问题要向中央报告，督察结果将作为对领导干部考核评价任免的重要依据。黑臭水体问题也是中央环保督查的内容之一。2016 年 7 月，第一批 8 个中央环保督察组相继进驻内蒙古、黑龙江、江苏、江西、河南、广西、云南、宁夏，开展为期一个月的环保督察工作。2016 年第二批 7 个中央环境保护督察组陆续对北京、上海、重庆、湖北、广东等 7 省（市）实施督察进驻。环境保护部部长陈吉宁表示，我国要实现中央环保督查全覆盖。截止到 2017 年，河南省被问责人数最多，达到 1231 人。除了对相关责任人进行约谈、追责，还有省份已经开出了"环保罚单"。江苏省的 2451 件环境举报问题已办结，责令整改企业 2712 家，立案处罚 1384 件，处罚金额达到 9750 万元。甘肃省祁连山等自然保护区生态破坏问题严重。中办、国办就甘肃祁连山国家级自然保护区生态环境问题的通报对外公布。通报中，因祁连山生态环境问题被问责的甘肃官员中，包括 3 名副省级官员。

2018 年 5 月，经党中央、国务院批准，中央环境保护督察"回头看"也全面启动。"回头看"督察始终坚持问题导向，重点督察经党中央、国务院审核的中央环境保护督察整改方案总体落实情况、督察整改方案中重点环境问题具体整改进展情况、生态环境保护长效机制建设和推进情况。重点盯住督察整改不力，甚至"表面整改"、"假装整改"、"敷衍整改"等生态环保领域形式主义、官僚主义问题；重点检查列入督察整改方案的重大生态环境问题及其查处、整治情况；重点督办人民群众身边生态环境问题立行立改情况；重点督察地方落实生态环境保护党政同责、一岗双责、严肃责任追究情况。

5.2.2 国内治理措施

全国各地为落实国务院《水污染防治行动计划》，保证河流的长制久清，主要分为了以下两个方面来进行推进：一是深化工作机制，二是完善工程措施。其中主要包括了以"落实'河长制'、强化各部门各区域联动机制、严格监督机制、健全保障机制"为主的深化工作机制模式和以"严控污染源头、增加水循环、进行生态修复、提出海绵城市观念"为主的工程措施。其中主要措施在于如何强化机制、如何找准污染源头以及如何维持水状态。据统计，对于完善部门联动机制、进行水质监测、进行生态修复，绝大多数城市做的效果十分明显；少部分城市为实现长制久清，进行了不同形式的跨区域治理，进行了具有创新性的治理效果的评估反馈以及提出了构建"海绵城市"来实现推助长制久清。

由部门联动和跨区联动组成的联动机制，对内细化部门分工，对外多地共同协作。水利局与当地环保局、土地资源局等多个部门参与并设立生态环境建设指挥部，实时监控水环境。跨区联动在治理不同地域相同流域的黑臭水问题上，拥有显著的效果，浙江省秀洲区和江苏省吴江区进行的跨区联动，他们成立边界区域水环境联防联治工作领导小组，设立联防联治办公室，同时，按照"谁主管、谁负责"的原则，秀洲区与吴江区进行了共同协商，细化了边界河道的划分，实行了"分段包干"属地负责管理机制，明确各自责任区和治理对象，分别制定了边界河道整治实施方案和工作任务，落实责任单位，共同组织考核监督。

治理黑臭水体的重要一步是分析成因找准源头。水质监测是一个监视和测定水体中污染物的种类、各类污染物的浓度及变化趋势，评价水质状况的过程。主要监测项目可分为两大类：一类是反映水质状况的综合指标，如 COD 和 BOD 等；另一类是一些有毒物质，如酚、氰、砷、铅、铬、镉、汞和有机农药等。因此，发现潜在的污染源，对水体进行水质检测是必不可少的阶段。山东省在马踏湖附近成立河湖管理机构，河管员人手一份水系图、一本工作日志，实现了 24 小时在线动态监测河水水质。这一举措能及时了解河水的水质情况，监测其是否受到污染，在对水体进行分析的同时能及时做出方案治理黑臭水。

对于完全暴露在公众视线里的污染源，比如工业工厂生产的污水没有纳入污水管网而对水体进行直排会造成水体的热污染、重金属污染、富营养化等不同形式的污染。这些水会破坏水环境，影响鱼类的生长，在水源地排污则会直接影响饮用水的净化处理；畜牧类工厂产生的牲畜粪便有时候也会直接排入河湖，造成河流的二次污染。为整治这一部分违法建立在河湖四周的企业，必须实行部分关停，部分企业提标改造等措施。例如山东省关停、搬迁了多个湖区污染企业，在全面封堵入湖河道沿线排污口基础上，关停取缔了 2271 家"散乱污"企业，对直排企业的污水处理设备进行全面提标改造。

日常巡逻能够及时处理河湖漂浮物，减少河岸周边垃圾，减少可见物对水体的污染，同时还能及时发现新出现的河流排污口并处理。在加强日常巡逻方面，大部分应对方案是建立巡逻小队，对重点河湖进行周期性巡逻。例如福建省当地政府构建了环湖的生态系统，由于周边涉及 8 个行政村，所以安排了 8 个巡湖员，防止污染水源的行为发生。

公众监督不仅能够让居民参与治理，实现真正的大众管理，还能使管理部门提升一定的自觉性，自觉做好治理工作。为了更好地落实公众监督，各地通过互联网公示或者发行专刊专栏线上线下两个方面让公众实时了解河湖的治理过程与后期出现的各种问题。浙江省秀洲区利用秀洲智慧治水 APP 平台，上传河道实时图片，及时举报河道存在的问题，并在下次巡河时对整改情况进行督查；四川省开设"环保曝光台"专栏，公开曝光一批环保意识不强、河湖整改进度滞后、对治理后水域维护不到位等反面典型案例，以此来发挥一定的警示警醒作用，切实解决对生态文明和环境保护工作不敢抓、不愿抓、不会抓的问题。

治理黑臭水体是第一步，是否能达到长制久清还需要健全保障机制。其中包括效果评估机制与经费保障机制，效果评估是通过了解整治后水环境质量情况及周边居民满意度，通过公众评议、水体理化指标监测等方式对水体环境的治理和改善后的现状做出客观有效的评估，进而达到改善城市人居环境的目的，另外，也可以利用网络来对治理情况进行反馈。例如广东省初步建立起了一套智慧河长制综合管理平台业务系统。这个系统根据云计算、大数据、移动互联等技术开发出来，其具备数据的录入更新、数据分析等功能，同时还有河道信息、河长制工作查看与管理、工作信息报送、信息反馈、工程进度监督以及河长综合考核等功能。建立其评估机制之后，则需要完善经费保障机制。常见的方案是以政府购买服务的方式，对河道进行日常管护和保洁、启动水环境治理 PPP项目等。

5.2.3 重庆市相关政策要求

1. 部门职能

重庆市政府陆续颁发了渝府发〔2015〕69 号文、渝委办发〔2016〕49 号文、渝府办发〔2016〕54 号文、渝府办发〔2017〕34 号文等一系列重要文件，对主城区 56 个湖库整治工作作了时间上的总体安排及环保责任上的具体划分。

2017 年之前，主城区 56 个湖库整治工作由市环保局牵头，2016 年环保部门基本完成了 56 个湖库的整治工作。根据《中共重庆市委办公厅重庆市人民政府办公厅关于印发重庆市环境保护工作责任规定（试行）的通知》（渝委办发〔2016〕49 号），2017 年起，市城乡建委负责牵头 48 段黑臭水体整治以及辅助 56 个湖库水环境提升功能。

2017 年 7 月 3 日，市建委印发了《重庆市城乡建设委员会关于委托开展水环境有关工作的通知》（渝建〔2017〕337 号），指出由重庆市城市管线综合管理事务中心开展海绵城市建设、黑臭水体整治和主城区 56 个湖库水生生态长效巩固等城市水环境相关工作事宜。

2. 工作目标及部署

湖库水体整治工作是"十三五"生态环保及水污染防治战略的重要内容之一，重庆市委、市政府高度重视。早在 2014 年，《重庆市人民政府关于印发都市功能核心区和拓展区大气污染防治与湖库整治重点工作方案的通知》（渝府〔2014〕49 号）就对湖库整治提出了目标：2014 年，宝圣湖、民主湖、雷家桥水库、彩云湖、梅花山塘、化龙湖等 20个湖库水质较 2013 年有所改善，涨澜溪水库、华岩水库、团结湖水库、迎龙湖水库、长函子水库、白云水库等 36 个湖库水质稳中向好。

2015 年，《重庆市人民政府关于印发贯彻落实国务院水污染防治行动计划实施方案》，明确提出目标：2015 年年底前基本完成主城区 56 个湖库污染整治工程。到 2017 年，主城区 56 个湖库生态系统功能基本恢复，全市城市建成区基本消除黑臭水体，流域面积500 平方公里以上的 38 条重点支流基本消除黑臭断面。

2017 年重庆市政府下发《重庆市人民政府办公厅关于印发重庆市城市黑臭水体整治工作方案的通知》（渝府办发〔2017〕85 号），明确时间节点：2017 年 11 月底前，已发现的 48 段城市黑臭水体应当完成控源截污和内源治理，消除水体黑臭，整治工作初见成效；基本恢复主城区 56 个湖库生态系统功能。

2017 年重庆市城乡建委接手黑臭水体整治工作后高度重视，先后印发《关于转发 < 关于做好城市黑臭水体整治效果评估工作的通知 > 的函》（渝建函〔2017〕206 号）、《重庆市城乡建设委员会关于做好水污染防治行动计划实施情况考核准备工作的通知》（渝建〔2017〕616 号）、《重庆市城乡建设委员会关于做好中央环保督察反馈意见整改措施及具体问题销号有关工作的通知》（渝建〔2017〕615 号）等文件，要求全市 48 条黑臭水体整治要在 2017 年底初见成效，2018 年达到长制久清，切实推动黑臭水体整治和评估工作。

2017 年，针对湖库水质提升，重庆市城乡建委也印发了《重庆市城乡建设委员会关于进一步做好主城区 56 个湖库长效巩固工作的通知》，要求各区县对湖库水体现状及水体污染因素进行深入调查，对原湖库整治方案、实施情况及整治效果进行客观评估，形成湖库整治效果评估报告。对调查及效果评估发现的湖库水质较差（黑臭或劣 V 类水质）、整治措施不健全、长效机制未建立等有问题的湖库，立即启动整改工作，制定专项整改方案并抓紧组织实施，确保年底湖库稳定达到 V 类水质。

2018 年，中共重庆两江新区工作委员会、重庆两江新区管理委员会颁发的《两江新区污染防治攻坚战实施方案（2018-2020 年）》中提到，应全面推行河长制，以"保护水资源、管控水岸线、防治水污染、改善水环境、修复水生态、实现水安全"为主要任务，在全区推进河长制，建立责任体系，明确河长职责，完善上下游之间、各部门之间的联动机制。建立两江新区水环境质量综合数据库，整合规划、建设、城管及国资公司在工程计划、建设进度、问题查找、水质监测等方面的内容，在重点湖库、河流安装在线监测（控），对水质进行监测预警，将数据与"智慧两江"信息平台相融合。实施河库周边雨污管网改造工程，并加大违法排污、违法侵占水域岸线、违法采砂、违法码头、违法建房等涉河违法活动的查处力度。开展御临河生态环境安全评估，编制并实施御临河、后河、黑水滩河、朝阳溪、高洞河等流域生态环境保护方案。落实环境监管制度改革要求，建立健全污染防治长效机制，用最严格的制度进行全过程监管等。鼓励工业企业实施中水回用，推动重点行业提高工业水循环利用率。

3. 整治成效

2018 年 3 月重庆市城乡建委印发《关于进一步做好城市水体长制久清有关工作的通知》（渝建〔2018〕95 号），明确 2017 年全市 48 段黑臭水体基本消除黑臭，公众满意度均超过 90%，56 个湖库水质也得到提升。文件对巩固整治成果、进一步做好城市水体长制久清有关工作也作出了相应的部署。同时，重庆市还要求各地区加强活水补给、生态修复以及"海绵城市"建设等措施。自 2018 年起，城市水体治理项目建设的各环节须全面落实"海绵城市"建设指标要求，严控雨水径流污染，从根源上改善城市水环境。

2018年，南岸区完成了对《南岸区"十三五"雨污排水管网建设专项整改实施方案》的编制工作，完成东港污水处理厂主体工程、配套主干管网建设，鸡冠石污水处理厂一级A标提标改造工程稳步推进，积极开展雨、污管网普查工作，超额完成重庆市城乡建委2017年下达的雨、污管网建设计划，完成建设专项规划。落实河长制组织体系建设，建立河长制管理信息系统，组织"一河一策"编制实施，建立"一河一档"，落实各街镇河库管护资金。目前，各河段巡视情况均通过信息系统按时上报，完成了区级河库两条河流、6座水库的"一河（库）一策"方案编制，安排专项资金70余万实施河面清漂，河（库）岸垃圾清理工作。

同年，梁平区提出的《重庆市梁平区城市黑臭水体整治工作实施方案》等相关方案，主要实施控源截污、内源治理、生态修复、循环补给、效果评估等工作，有序有效地推进了城市黑臭水体整治。

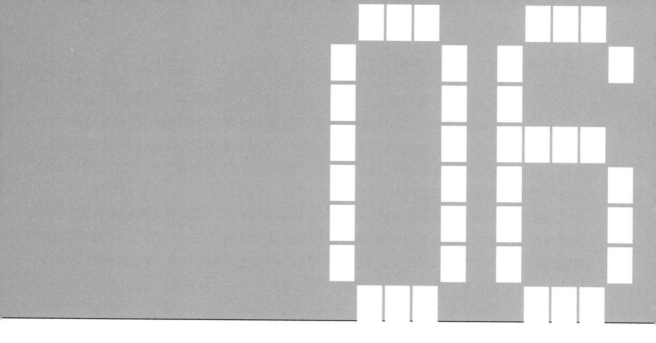

第6章
三峡库区黑臭水体综合治理实践

重庆市政府为进一步筑牢长江上游重要生态屏障、提升城市水环境质量，去年实施了一系列城市水体整治工程，2017年全市48段黑臭水体基本消除黑臭，公众满意度均超过90%，主城区56个湖库整治也取得明显成效，为市民休闲娱乐增添了好去处；同时，全市不再出现新的城市黑臭水体。2018年3月重庆市发改委发布通知称，要求2018年全市城市建成区黑臭水体消除比例达到90%以上。

从重庆市新华水库流域污染整治工程的具体情况来看，黑臭水体整治是系统工程，需要政府高度重视，职能部门需加强管理；黑臭水体整治是"一次性"工程，"碧水蓝天"需要政府长期持续性投入；项目建设过程中需考虑对周边环境的影响，特别是雨水处理站的建设，需采用除臭、降噪等措施；另外，要加强效果评估，复核设计参数。

6.1 盘溪河流域环境概况

盘溪河，流域范围面积约28.25km²，主要污染和水源来自两江新区、渝北区、江北区箱涵的生活污水，初期雨水和雨污合流水输入，而后排入嘉陵江。盘溪河流域主要为居住生活区和工业企业片区，由于污水管网规划建设落后等原因，这条河流以及流域内的10个湖库（翠微湖，八一水库，青年水库，茶坪水库，六一水库，人和水库，百林水库，五一水库，战斗水库，红岩水库）大部分水质为劣V类，部分湖库出现黑臭现象。盘溪河流域示意图详见图6.1-1。

6.1.1 盘溪河流域水资源概况

盘溪河流域属亚热带湿润季风气候区，根据1960年到2004年45年的统计资料，多年平均气温为18.1℃，极端最高气温为40.0℃，极端最低气温为-3.8℃，多年平均日照时数为1325h。年平均日照为1341.1h，多年平均降水量为1078mm，多年平均蒸发量为1011.1mm，多年平均相对湿度为80%，多年平均风速为1.0m/s，多年平均10分钟最大风速为15m/s，平均无霜期为350d，平均雾日为69.3d。

盘溪河上游两江新区，中游渝北区，下游江北区的生活污水、雨水、雨污合流水，经箱涵排入盘溪河，最后进入嘉陵江。

6.1.2 盘溪河已完成的整治工作

为治理盘溪河，2008年以来下大力气展开综合整治工作，投入1400万元修建人和

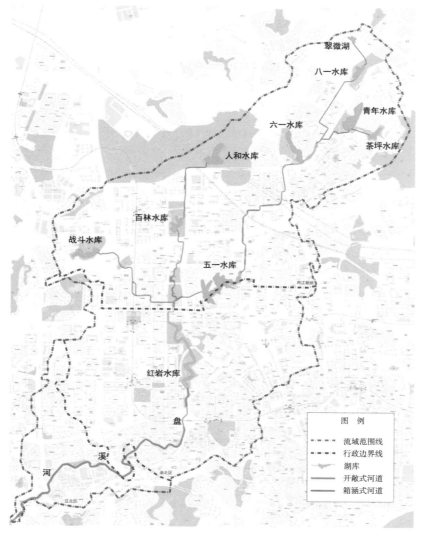

图 6.1-1　盘溪河流域示意图

老城镇片区管网，实施雨污分流。在 2010 年开展次级河流综合整治工作后，又相继投入 6300 余万元实施管网排查修复、生活污染源治理、工业污染治理、流域沿线畜禽养殖业关闭、河道清淤、生态修复等措施，对盘溪河水环境进行综合整治。完成管网改造 4750m，河道清淤 3km，清运垃圾 12t，管网排查 4448m。主要治理项目有：黄山大道市政委段管网改造、黄山大道金科酒店天籁城段管网改造、人和大道段排水管网整治、任家梁子片区三级管网完善工作、战斗水库截污干管建设、六一水库清淤工程；2013 年开展两江新区盘溪河流域市政排水设施综合整治工程；2016 年开展了熊家沟综合整治工程。经过综合治理，盘溪河的水质已经有一定程度改善，但并未消除，河水污染治理力度仍需加大。见表 6.1-1。

1. 已实施的管网截污工程

盘溪河 2010 年实施的管网工程统计　　　　　　　表 6.1-1

序号	工程内容	建设情况	责任单位
1	黄山大道市市政委段管网改造	已完工	两江新区
2	黄山大道金科酒店天籁城段管网改造	已完工	两江新区
3	人和大道段排水管网整治	已完工	两江新区
4	任家梁子片区三级管网完善工作	已完工	两江新区
5	战斗水库截污干管建设	已完工	两江新区
6	六一水库清淤工程	已完工	两江新区
7	财富中心支路、天湖美社（巫溪人夜啤）外、古木峰立交、红叶路等处污水管道改造	已完工	两江新区

2. 已实施的内源治理工程

渝北区于 2015 年 10 月 10 日完成红岩水库水环境综合整治工程，总计投入资金 51.4 万元。主要工程内容为人工湿地系统改扩建、设立复氧装置、浅水生态构建系统。工程清单列于表 6.1-2。现状见图 6.1-2。

红岩水库 2015 年实施的整治工程　　　　　　　表 6.1-2

类别	具体分项	工程措施名称	主要内容	资金（万元）
面源	初期雨水净化、治理与裸露地面覆盖	坡面绿化及花草种植	灌木及草皮 250m² 麦门冬栽植 6800m²	16.2
		裸土补栽	区公园管理中心已补载 500m²	0.5
		裸露管网覆盖	对湖边裸露管网已经覆盖 100m²	0.1
		漂浮物清理	区公园管理中心已清捞，且定期打捞	0.3
	排污口整治	排污口溢流口整治	对湖边二处排放溢流口进行治理	12
	生活垃圾治理	垃圾清运	区公园管理中心已清运，且专人定期清运	1.5
内源	水体直接治理	富氧设施建设	设立 3 台曝气机	3.1
	生态修复	浅水生态系统构建	已构建 1 处浅水生态系统	7.5
		滨水湿地	水生植物栽植	10.2

3. 其他治理工程

2010 年以来，重庆市开展了 56 湖库综合整治工作，取得了一定成效。见表 6.1-3。

表 6.1-3

盘溪河 56 湖库相关整治工作表

行政区域	湖库名称	工程内容											资金（万元）
		补水（t）	管网改建/修复（m）	新建管网（m）	活水充氧系统（项）	垃圾清运（t）	浅水生态系统（m²）	清淤（t）	生态恢复（m²）	生物操纵（尾）	雨水截滤沟（m）		
两江新区	八一		357				500	13000	2000		1300		302.11
	青年	26640					5000	780					127.65
	茶坪					2200	1000		200				26.80
	百林						8110						330.00
	六一		1134			26	6591	1150	7374				173.89
	五一	44		1200	40	550	6000			160000	16000		2227.00
	战计		5000			10	1000	1000	100	10000			458.14
	合计	26684	6491	1200	40	2786	28201	15930	9674	170000	17300		3645.59
渝北区	红岩		245		3		100		2300		89		62.60
总计		26684	6736	1200	43	2786	28301	15930	11974	170000	17389		3708.19

图 6.1-2　红岩水库已完成综合整治现状图

6.1.3　盘溪河水环境现状

两江新区、渝北区、江北环保局提供的 2015 ～ 2016 年监测数据显示：盘溪河流域内各湖库和河段的 COD 浓度范围为 7 ～ 45mg/L，TP 浓度范围为 0.03 ～ 2.05mg/L，NH_3-N 浓度范围为 0.078 ～ 15.5mg/L，TN 浓度范围为 1.29 ～ 19.1mg/L，据此判断盘溪河的部分湖库和河段的 TP、TN、NH_3-N 等污染物指标严重超标，六一水库、五一水库、盘溪河段水质常年处于劣 V 类。见图 6.1-3 ~图 6.1-6，表 6.1-4。

图 6.1-3　六一水库水质现状图

（a）箱涵出口　　　　　　　　　　（b）湖面

图 6.1-4　五一水库水质现状图

图 6.1-5　盘溪河水质现状

图 6.1-6　红岩水库水质现状

盘溪河流域各湖库水质监测数据统计   表 6.1-4

湖库名	采样日期	采样地点	化学需氧量（mg/L）	氨氮（mg/L）	总氮（mg/L）	总磷（mg/L）
盘溪河	2015/1/4	消防总队 - 中	16.0	6.98	/	1.120
	2015/2/2	消防总队 - 中	48.9	9.32	/	1.080
	2015/3/2	消防总队 - 中	74.5	6.72	/	1.380
	2015/4/1	消防总队 - 中	22.5	2.61	/	0.539
	2015/5/4	消防总队 - 中	35.4	3.54	/	0.246
	2015/6/1	消防总队 - 中	31.5	2.67	/	0.412
	2015/7/1	消防总队 - 中	17.9	2.66	/	0.350
	2015/8/3	消防总队 - 中	23.5	8.63	/	1.000
	2015/9/1	消防总队 - 中	27.4	1.95	/	0.367
	2016/1/4	涉外商务区附近	62.7	5.67	8.71	0.648
	2016/1/5	涉外商务区附近	164.0	4.30	13.60	/
	2016/1/6	涉外商务区附近	20.6	3.34	6.69	/
	2016/1/7	涉外商务区附近	21.9	3.90	8.56	0.576
	2016/1/8	涉外商务区附近	36.8	3.70	10.50	/
	2016/1/9	涉外商务区附近	64.3	4.13	8.12	/
	2016/1/10	涉外商务区附近	26.9	3.62	7.96	/
	2016/1/11	涉外商务区附近	24.4	3.15	5.82	0.488
	2016/1/12	涉外商务区附近	28.8	3.34	7.58	/
	2016/1/13	涉外商务区附近	30.4	4.01	8.86	/
	2016/1/14	涉外商务区附近	24.9	3.50	7.66	0.492
	2016/1/15	涉外商务区附近	21.0	3.31	6.79	/
	2016/1/16	涉外商务区附近	29.5	3.40	6.72	/
	2016/1/17	涉外商务区附近	21.2	3.86	7.27	/
	2016/1/18	涉外商务区附近	25.3	3.81	7.07	0.520
	2016/1/19	涉外商务区附近	31.4	3.96	7.98	/
	2016/1/20	涉外商务区附近	25.4	3.21	7.29	/
	2016/1/21	涉外商务区附近	31.0	3.34	5.98	0.460
	2016/1/22	涉外商务区附近	34.7	3.55	8.36	/
	2016/1/23	涉外商务区附近	81.3	8.39	13.60	/
	2016/1/24	涉外商务区附近	68.3	8.31	14.50	/
	2016/1/25	涉外商务区附近	29.0	4.19	9.76	0.624
	2016/1/26	涉外商务区附近	29.8	4.73	8.22	/
	2016/1/27	涉外商务区附近	42.7	3.47	8.08	/
	2016/1/28	涉外商务区附近	22	7.84	6.12	0.852

续表

湖库名	采样日期	采样地点	化学需氧量（mg/L）	氨氮（mg/L）	总氮（mg/L）	总磷（mg/L）
盘溪河	2016/1/29	涉外商务区附近	26.6	3.59	8.60	/
	2016/1/30	涉外商务区附近	23.5	3.44	6.73	/
	2016/1/31	涉外商务区附近	42.3	4.46	8.46	/
	2016/2/1	涉外商务区附近	35.1	3.51	7.86	0.520
	2016/2/2	涉外商务区附近	26.4	2.85	6.65	/
	2016/2/3	涉外商务区附近	22.1	2.65	5.80	/
	2016/2/4	涉外商务区附近	45.6	3.54	7.47	0.576
八一水库	2015/5/28	库心	24.2	/	2.11	0.094
	2014/11/26	/	12.9	/	5.31	0.204
	2015/1/21	库心	11.8	/	3.63	0
		入水口	7.36	/	5.60	0.031
	2015/4/1	库心	19.4	/	1.32	0.457
	2015/4/8	/	19.4	/	1.32	0.457
	2015/8/11	/	27.5	/	3.31	0.076
	2016/5/17	/	34.4	/	5.92	0.190
百林水库	2015/4/1	/	16.3	/	3.6	0.564
	2015/5/28	库心	31.3	/	3.65	0.211
	2014/11/26	/	15.0	/	3.70	0.385
茶坪水库	2015/5/28	/	31.8	/	1.33	0.050
	2014/11/26	/	15.9	/	2.69	0.129
	2015/4/8	/	52.9	/	2.93	0.782
	2015/8/11	/	22.1	/	1.35	0.060
	2016/5/17	/	32.0	/	1.24	0.054
红岩水库	2014/11/4	/	24.6	/	3.84	0.095
	2015/2/10	/	22.9	2.58	8.49	0.859
	2015/5/11	/	19.6	2.09	4.25	0.343
	2015/8/4	/	39.9	2.48	4.87	0.479
	2015/11/9	/	20.0	6.36	7.21	0.750
	2016/5/5	/	22.1	/	7.43	0.193
六一水库	2015/5/28	库心	45.2	/	2.52	0.298
	2014/11/26	/	9.5	/	3.78	0.580
	2015/4/1	/	14.6	/	1.20	0.196
	2015/8/11	/	26	/	2.92	0.259
	2016/5/17	/	34.7	/	1.51	0.102

湖库名	采样日期	采样地点	化学需氧量（mg/L）	氨氮（mg/L）	总氮（mg/L）	总磷（mg/L）
青年水库	2015/5/28	库心	35.3	/	1.54	0.065
	2014/11/26	/	33.0	/	1.95	0.129
	2015/4/8	/	30.5	/	5.76	0.192
	2015/8/11	/	22.3	/	1.88	0.068
	2016/5/17	/	35.3	/	1.30	0.057
人和水库	2015/5/28	库心	29.9	/	1.24	0.06
	2015/4/1	库心	17.6	/	1.42	0.113
	2015/8/11	/	25.6	/	1.44	0.054
	2014/11/4	/	17.2	/	2.31	0.133
	2015/11/9	/	18.3	/	0.0	0.0
五一水库	2016/5/23	大坝	21.8	0.258	1.96	0.064
		湖心	23.36	0.252	1.82	0.088
		箱涵出水湖湾1	24.92	0.228	2.04	0.064
		箱涵出水湖湾2	23.36	0.258	1.96	0.064
		箱涵出水口1	28.04	0.914	2.26	0.144
		箱涵出水口2	24.92	0.692	2.14	0.104
	2016/6/1	大坝	15.0	0.078	1.29	0.058
		湖心	17.6	0.278	1.81	0.114
		箱涵出水湖湾1	22.7	1.27	3.57	0.144
		箱涵出水湖湾2	16.6	1.44	3.71	0.180
		箱涵出水口1	42.3	3.98	7.78	0.500
		箱涵出水口2	25.5	2.80	5.82	0.319
	2016/6/2	大坝	14.6	1.00	2.78	0.133
		湖心	15.8	1.20	3.29	0.147
		箱涵出水湖湾1	18.2	1.47	3.86	0.19
		箱涵出水湖湾2	16.4	1.27	3.53	0.143
		箱涵出水口1	28.9	3.85	6.24	0.333
		箱涵出水口2	18.6	2.46	4.92	0.172
	2016/6/6	大坝	27.1	0.99	3.64	0.139
		湖心	20.6	1.28	3.86	0.122
		库湾1	27.8	2.67	4.53	0.322
		库湾2	25.2	2.41	5.39	0.257
		箱涵出水口1	196	15.5	19.10	2.050
		箱涵出水口2	29.9	2.91	6.10	1.700

续表

湖库名	采样日期	采样地点	化学需氧量（mg/L）	氨氮（mg/L）	总氮（mg/L）	总磷（mg/L）
战斗水库	2015/4/8		34.0		3.23	0.157
	2016/5/17		24.2		1.46	0.156
	2014/11/26		0.0		5.25	0.371

6.2　盘溪河流域污染现状调查及存在问题

根据盘溪河实际情况，调查组通过资料收集及分析、现场踏勘、污染源排查、水质采样分析等方式对流域污染源进行了全面调查，流域污染来源主要由外源及内源等方面组成。

6.2.1　盘溪河外源污染源调查

1. 外源污染现状调查

盘溪河污染非常严重，主要来源：

（1）点源污染，盘溪河承受了大量黄山大道、水晶郦城、恒大华府、天湖美镇、金开大道、棕榈泉小区、红棉大道、锦绣山庄、金龙路、松桥路、东和春天、和济小学、盘溪路等片区的直排生活污水，这些区域虽然进行了部分雨污分流，但不彻底，同时有部分污水管在末端直接排入盘溪河。雨季沿途截流井极易溢流，也是造成盘溪河污染的重要原因。盘溪河两侧还有多处不完全分流制截流井，设计截流倍数较低，雨季极易溢流，导致雨水和生活污水混合污水进入湖库和河道。同时动步公园旁轻轨站含有大量泥沙的施工废水及其他施工项目的施工废水直接排入红岩水库及下游河道。详见表 6.2-1。排污口分布见图 6.2-1~图 6.2-4。

盘溪河主要污染点源污染源勘察结果一览表　表 6.2-1

污染源编号	所在的行政区	排污口类型	排查现状
LJW1	两江新区	雨污混排口	雨季大量混合污水从溢流口溢出，污染五一水库到六一水库之间的河道，最终汇入五一水库
LJW2	两江新区	生活污水直排口	大量来自金科天天籁城美社及其附近小区的生活污水排出，是目前盘溪最主要的污染排口之一（2017年初得到已整治，现有少量污水流出）

129

污染源编号	所在的行政区	排污口类型	排查现状
LJW3	两江新区	生活污水直排口	大量来自重庆市消防总队及其附近小区的生活污水排出，是目前盘溪最主要的污染排口之一
LJW4	两江新区	混合污水、施工废水排口	大量轻轨站的施工泥沙废水排入，熊家沟支流混合污水排入（正开展整治工程）
LJW5	两江新区	生活污水直排口	少量两江新区规划展览馆背面生活污水排入
LJW6	两江新区	生活污水直排口	少量两江新区规划展览馆背面生活污水排入
LJW7	两江新区	生物污水直排口	大量战斗水库支流流域的生活污水排入
LJW8	两江新区	生活污水直排口	少量动步公园篮球场生活污水排入
YBW1	渝北区	雨污混排口	天一新城小区雨水排污口，但部分生活污水混入排污口进入河流
YBW2	渝北区	雨污混排口	4个沿湖检查井通向红岩水库，现井内水位较高，雨季极易溢流
YBW3	渝北区	雨污混排口	北城国际中心小区排污口，两根DN500双壁波纹管排水，其中生活污水和雨水混流，直接进入河流
YBW4	渝北区	生活污水直排口	少量生活污水（估计为北疆烤全羊餐厨废水及东衡龙都内生活污水）直接排入
YBW5	渝北区	施工废水排口	大量施工泥沙废水排入
YBW6	渝北区	雨污混排口	2截流井通向盘溪河，现井内水位较高，雨季极易溢流
YBW7	渝北区	生活污水直排口	渝北区花园小学校附近排污口，少量生活污水直接进入河流，同时河堤内的排污的管出现轻微泄露
YBW8	渝北区	生活污水直排口	松石路社区背后少量生活污水直接排入
JBW1	江北区	生活污水直排口	大量大庆社区的生活污水直排
JBW2	江北区	雨污混排口	不完全分流制截流井截流倍数小，旱季几乎满流，年溢流次数多，玉祥门及松石大道附近小区雨季污水排入盘溪河
JBW3	江北区	雨污混排口	少量长安汽车一厂雨污混合污水排入
JBW4	江北区	生活污水直排口	石门社区污水排口

（2）面源污染，根据其他城市研究数据，城市雨水径流等非点源污染占水体污染负荷比例在15%以上，雨水径流已成为造成水体水质恶化的重要因素。

2. 外源污染负荷

（1）流域河湖点源污染负荷

根据梳理上游排水管网系统现状，各湖库的污水受纳范围列于表6.2-2，每平方公里按1.5万人计算，单位人口综合用水量定额取420L/（人·d）、产污系数取0.85、管网收集率取0.98、地下水入渗率取1.05、日变化系数取1.2。

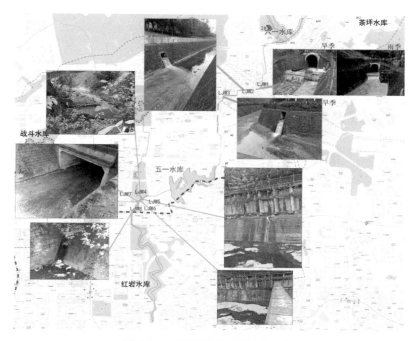

图 6.2-1　两江新区排污口分布图

图 6.2-2　渝北区排污口分布图

图 6.2-3 江北区排污口分布图

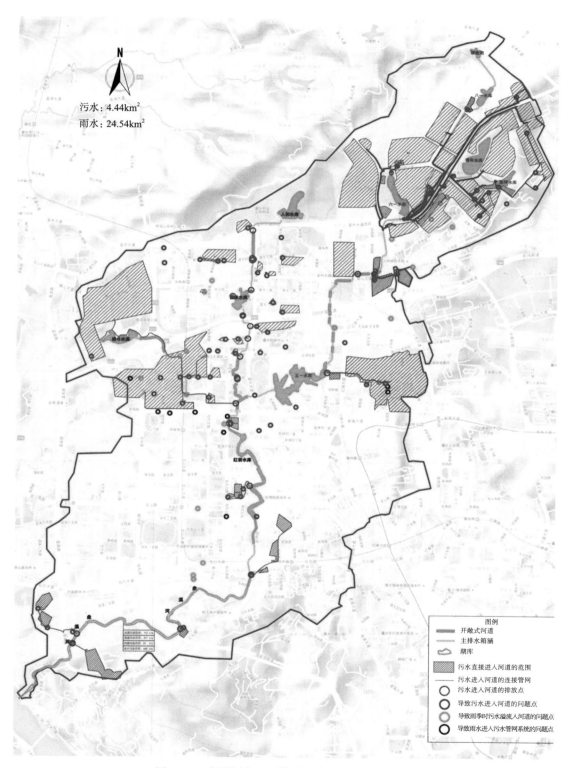

图 6.2-4 盘溪河集雨区域及污水受纳区域分布图

盘溪河流域各水体受纳污水量 表6.2-2

水体名称	污水受纳范围（km²）	服务人口（万人）	最高日污水量（万m³/d）	平均日污水量（万m³/d）	年污水量（万m³）
翠微湖	0.05	0.08	0.02	0.02	7.3
八一水库	0.00	0.00	0.00	0.00	0
青年水库	0.00	0.00	0.00	0.00	0
茶坪水库	0.00	0.00	0.00	0.00	0
六一水库	0.00	0.00	0.00	0.00	0
人和水库	0.00	0.00	0.00	0.00	0
百林水库	0.00	0.00	0.00	0.00	0
战斗水库	0.10	0.15	0.06	0.05	18.25
五一水库	2.46	3.69	1.49	1.24	452.6
红岩水库	0.63	0.95	0.33	0.28	102.2
盘溪河	1.19	1.79	0.66	0.55	200.75
合计	4.44	6.66	2.56	2.13	777.45

根据重庆市主城区生活污水监测分析，生活污水污染物平均浓度见表6.2-3。

重庆市生活污水平均污染物浓度 表6.2-3

项目	COD	NH₃-N	TN	TP
平均浓度（mg/L）	320	30	40	3.5

根据受纳污水量及重庆市典型生活污水污染物浓度，预测湖库和河流由受纳污水带入的污染物负荷列于表6.2-4。

各水体点源污染物负荷计算 表6.2-4

水体	COD（t/a）	NH₃-N（t/a）	TN（t/a）	TP（t/a）
翠微湖	23.4	2.2	2.9	0.3
八一水库	0.0	0.0	0.0	0.0
青年水库	0.0	0.0	0.0	0.0
茶坪水库	0.0	0.0	0.0	0.0
六一水库	0.0	0.0	0.0	0.0
人和水库	0.0	0.0	0.0	0.0

续表

水体	COD (t/a)	NH₃-N (t/a)	TN (t/a)	TP (t/a)
百林水库	0.0	0.0	0.0	0.0
战斗水库	58.4	5.5	7.3	0.6
五一水库	1448.3	135.8	181.0	15.8
红岩水库	327.0	30.7	40.9	3.6
盘溪河	642.4	60.2	80.3	7.0
合计	2487.8	233.2	311.0	27.2

注：由于无法估算不完全分流制管网系统中雨季的溢流量，表格中仅计算了旱季排污点的生活污水量，而未包含雨季不完全分流制导致的雨污混合污水造成的污染负荷。

（2）面源污染负荷

根据现场踏勘，盘溪河周边面源来自于排水箱涵服务范围和河湖周围的雨水径流污染。

依据中国科学院、西南大学及重庆大学开展的《城市区域不同屋顶降雨径流水质特征》、《山地城市暴雨径流污染特性及控制对策》、《山地城市径流污染特征分析》、《重庆市不同材质路面径流污染特征分析》、《重庆市不同材质屋面径流水质特性》、《重庆市城市居民区不同下垫面降雨径流污染及控制研究》等关于重庆市不同下垫面雨水径流水质的研究结果，得到重庆地区雨水径流污染物指标于表6.2-5。

重庆地区雨水径流污染物指标 表 6.2-5

下垫面类型	CODcr (mg/L)		TSS (mg/L)		TN (mg/L)		TP (mg/L)		NH₃-N (mg/L)	
	均值	初期径流	均值	初期径流	均值	初期径流	均值	初期径流	均值	初期径流
天然降雨	/	23	/	100	/	3.0	/	0.03	/	1.2
混凝土路面	90.0	100-250	280	300-1000	6.90	6-12	0.56	0.6-1.2	1.0	3-5
沥青路面	120.0	200-350	560	1000-1500	3.87	5-10	0.71	0.7-1.2	1.3	3-6
沥青屋面	74.3	100-150	200	150-250	3.60	5-10	0.16	0.3-0.4	2.7	3-5
瓦屋面	48.0	50-100	37	60-150	4.00	6-10	0.12	0.2-0.3	1.2	4-6
水泥屋面	77.0	180-450	65	65-395	5.60	15-31	0.2	3-3.5	1.8	7-11
社区道路	40.0	120-200	400	1600-2000	3.80	6-8	0.28	0.4-0.6	2.0	3-5
商业区混凝土广场	60.0	100-150	500	1000-1500	3.20	5-8	0.30	1-2	2.5	5-7
绿地	60.5	97.8	22.4	650	2.85	3.2	0.44	0.21	1.18	1.6

盘溪河地表径流污染负荷计算参数   表 6.2-6

项目	典型污染物类型	雨水径流平均浓度（mg/L）	降雨量（mm）	径流系数
路面	CODcr	120.00	1.08	0.9
	TN	3.87	1.08	0.9
	TP	0.71	1.08	0.9
	NH₃-N	1.30	1.08	0.9
绿地	CODcr	60.50	1.08	0.2
	TN	2.85	1.08	0.2
	TP	0.44	1.08	0.2
	NH₃-N	1.18	1.08	0.2
屋面	CODcr	66.40	1.08	0.9
	TN	4.40	1.08	0.9
	TP	0.16	1.08	0.9
	NH₃-N	1.90	1.08	0.9
硬地	CODcr	60.00	1.08	0.9
	TN	3.20	1.08	0.9
	TP	0.30	1.08	0.9
	NH₃-N	2.50	1.08	0.9

盘溪河流域内已基本建成，道路、绿地、屋面和硬地的面积暂按照 20%、35%、20%、25% 计算，结合各类下垫面的水质特征，污染物浓度取值列于表 6.2-6，依据该表计算面源污染物总量。

因此，盘溪河地表径流污染负荷见表 6.2-7。

盘溪河城市地表径流污染排放总量   表 6.2-7

水体名称	汇流面积（km²）	COD（t/a）	NH₃-N（t/a）	TN（t/a）	TP（t/a）
翠微湖	1.00	26.04	0.33	0.73	0.12
八一水库	0.30	20.54	0.48	1.00	0.12
青年水库	0.60	36.53	0.93	1.16	0.13
茶坪水库	0.40	27.65	0.65	1.34	0.16
六一水库	2.09	144.43	3.41	7.01	0.82
人和水库	0.45	14.90	0.35	0.78	0.12

续表

水体名称	汇流面积（km²）	COD（t/a）	NH₃-N（t/a）	TN（t/a）	TP（t/a）
百林水库	1.28	44.60	2.03	4.11	0.47
战斗水库	0.10	6.93	0.16	0.27	0.04
五一水库	5.30	366.08	8.64	17.77	2.07
红岩水库	6.14	227.53	8.13	14.13	1.65
盘溪河	6.90	476.87	11.25	23.15	2.70
合计	24.54	1392.09	36.36	71.43	8.40

（3）外源污染总量

结合点源污染和面源污染负荷估算，得到盘溪河流域各水体总的外源污染总量，见表6.2-8。

盘溪河外源污染负荷 表6.2-8

水体名称	指标（t/a）	外源点源	外源面源	合计
翠微湖	COD	23.4	26.0	49.4
	氨氮	2.2	0.3	2.5
	TN	2.9	0.7	3.6
	TP	0.3	0.1	0.4
八一水库	COD	0.0	20.5	20.5
	氨氮	0.0	0.5	0.5
	TN	0.0	1.0	1.0
	TP	0.0	0.1	0.1
青年水库	COD	0.0	36.5	36.5
	氨氮	0.0	0.9	0.9
	TN	0.0	1.2	1.2
	TP	0.0	0.1	0.1
茶坪水库	COD	0.0	27.6	27.6
	氨氮	0.0	0.7	0.7
	TN	0.0	1.3	1.3
	TP	0.0	0.2	0.2
六一水库	COD	0.0	144.4	144.4
	氨氮	0.0	3.4	3.4
	TN	0.0	7.0	7
	TP	0.0	0.8	0.8

水体名称	指标（t/a）	外源点源	外源面源	合计
人和水库	COD	0.0	14.9	14.9
	氨氮	0.0	0.3	0.3
	TN	0.0	0.8	0.8
	TP	0.0	0.1	0.1
百林水库	COD	0.0	44.6	44.6
	氨氮	0.0	2.0	2
	TN	0.0	4.1	4.1
	TP	0.0	0.5	0.5
战斗水库	COD	58.4	6.9	65.3
	氨氮	5.5	0.2	5.7
	TN	7.3	0.3	7.6
	TP	0.6	0.0	0.6
五一水库	COD	1448.3	366.1	1814.4
	氨氮	135.8	8.6	144.4
	TN	181.0	17.8	198.8
	TP	15.8	2.1	17.9
红岩水库	COD	327.0	227.5	554.5
	氨氮	30.7	8.1	38.8
	TN	40.9	14.1	55
	TP	3.6	1.6	5.2
盘溪河	COD	642.4	476.9	1119.3
	氨氮	60.2	11.3	71.5
	TN	80.3	23.1	103.4
	TP	7.0	2.7	9.7
流域总计	COD	2487.8	1392.1	3879.9
	氨氮	233.2	36.4	269.6
	TN	311.0	71.4	382.4
	TP	27.2	8.4	35.6

6.2.2 盘溪河内源污染源调查

1. 内源负荷现状调查

盘溪河流域内湖库和河流由于常年大量污染物输入，加之水流缓慢，大部分湖库换水周期长，河流和湖库底部存在大量淤泥，存在内源污染。

据现场测定结果，各湖库和河流的淤积面积，深度和淤泥量如表 6.2-9 所示。

盘溪河淤积调查结果　　　　　　　　　　　　　　　　　　　　　表 6.2-9

水体名称	淤积面积（万 m²）	污泥平均深度（m）	淤泥体积（万 m³）
翠微湖	1.00	0.50	0.50
八一水库	2.08	0.25	0.52
青年水库	6.88	0.12	0.82
茶坪水库	1.88	0.20	0.38
六一水库	5.87	0.15	0.90
人和水库	5.54	0.10	0.55
百林水库	3.13	0.08	0.25
战斗水库	2.32	0.25	0.60
五一水库	9.3	0.26	2.40
红岩水库	6.3	0.50	3.15
盘溪河	10.25	0.30	3.08
合计	63.57		13.15

2. 内源污染负荷

根据相关资料，重庆市湖河底泥污染平均释放强度（kg/m³·a）见表 6.2-10。

盘溪河底泥污染物平均释放强度　　　　　　　　　　　　表 6.2-10

项目	COD	NH₃-N	TN	TP
湖库	0.32	0.0018	0.0036	0.0007
河流	1.00	0.0036	0.0072	0.0014

根据上述系数，计算盘溪河和各湖库底泥污染物释放负荷，见表 6.2-11。

盘溪河流域水体底泥污染物释放负荷　　　　　　　　　　　　表 6.2-11

水体	COD（t/a）	NH₃-N（t/a）	TN（t/a）	TP（t/a）
翠微湖	1.60	0.01	0.018	0.004
八一水库	1.66	0.01	0.019	0.004
青年水库	2.62	0.01	0.030	0.006
茶坪水库	1.22	0.01	0.014	0.003
六一水库	2.88	0.02	0.032	0.006
人和水库	1.76	0.01	0.020	0.004
百林水库	0.80	0.00	0.009	0.002

水体	COD (t/a)	NH₃-N (t/a)	TN (t/a)	TP (t/a)
战斗水库	1.92	0.01	0.022	0.004
五一水库	7.68	0.04	0.086	0.017
红岩水库	10.08	0.06	0.113	0.022
盘溪河	30.80	0.11	0.222	0.043
合计	63.02	0.29	0.580	0.110

6.2.3 盘溪河流域污染源特征分析

根据实地踏勘、调查和污染来源估算，盘溪河流域污染物主要来自于箱涵来水（包括生活污水和地表径流），河湖周围地表径流和淤泥释放。盘溪河周边污染源及内源负荷汇总见表 6.2-12。

盘溪河流域污染源负荷汇总 　　　　　　　　表 6.2-12

水体名称	指标（t/a）	外源点源		外源面源		内源		合计
翠微湖	COD	23.4	45.88%	26.0	50.98%	1.600	3.14%	51.000
	氨氮	2.2	87.68%	0.3	11.96%	0.009	0.36%	2.509
	TN	2.9	80.15%	0.7	19.35%	0.018	0.50%	3.618
	TP	0.3	74.35%	0.1	24.78%	0.004	0.87%	0.404
八一水库	COD	0.0	0.00%	20.5	92.49%	1.664	7.51%	22.164
	氨氮	0.0	0.00%	0.5	98.16%	0.009	1.84%	0.509
	TN	0.0	0.00%	1	98.16%	0.019	1.84%	1.019
	TP	0.0	0.00%	0.1	96.49%	0.004	3.51%	0.104
青年水库	COD	0.0	0.00%	36.5	93.29%	2.624	6.71%	39.124
	氨氮	0.0	0.00%	0.9	98.39%	0.015	1.61%	0.915
	TN	0.0	0.00%	1.2	97.60%	0.030	2.40%	1.230
	TP	0.0	0.00%	0.1	94.57%	0.006	5.43%	0.106
茶坪水库	COD	0.0	0.00%	27.7	95.79%	1.216	4.21%	28.916
	氨氮	0.0	0.00%	0.7	99.03%	0.007	0.97%	0.707
	TN	0.0	0.00%	1.3	98.96%	0.014	1.04%	1.314
	TP	0.0	0.00%	0.2	98.69%	0.003	1.31%	0.203
六一水库	COD	0.0	0.00%	144.4	98.04%	2.880	1.96%	147.280
	氨氮	0.0	0.00%	3.4	99.53%	0.016	0.47%	3.416
	TN	0.0	0.00%	7	99.54%	0.032	0.46%	7.032
	TP	0.0	0.00%	0.8	99.22%	0.006	0.78%	0.806

续表

水体名称	指标（t/a）	外源点源		外源面源		内源		合计
人和水库	COD	0.0	0.00%	14.9	89.44%	1.760	10.56%	16.660
	氨氮	0.0	0.00%	0.4	97.58%	0.010	2.42%	0.410
	TN	0.0	0.00%	0.8	97.58%	0.020	2.42%	0.820
	TP	0.0	0.00%	0.1	96.29%	0.004	3.71%	0.104
百林水库	COD	0.0	0.00%	44.6	98.24%	0.800	1.76%	45.400
	氨氮	0.0	0.00%	2	99.78%	0.005	0.22%	2.005
	TN	0.0	0.00%	4.1	99.78%	0.009	0.22%	4.109
	TP	0.0	0.00%	0.5	99.65%	0.002	0.35%	0.502
战斗水库	COD	58.4	86.88%	6.9	10.26%	1.920	2.86%	67.220
	氨氮	5.5	96.31%	0.2	3.50%	0.011	0.19%	5.711
	TN	7.3	95.78%	0.3	3.94%	0.022	0.28%	7.622
	TP	0.6	99.30%	0	0.00%	0.004	0.70%	0.604
五一水库	COD	1448.3	79.49%	366.1	20.09%	7.680	0.42%	1822.080
	氨氮	135.8	94.02%	8.6	5.95%	0.043	0.03%	144.443
	TN	181	91.01%	17.8	8.95%	0.086	0.04%	198.886
	TP	15.8	88.19%	2.1	11.72%	0.017	0.09%	17.917
红岩水库	COD	327	57.92%	227.5	40.30%	10.08	1.79%	564.580
	氨氮	30.7	79.01%	8.1	20.85%	0.057	0.15%	38.857
	TN	40.9	74.21%	14.1	25.58%	0.113	0.21%	55.113
	TP	3.6	67.64%	1.7	31.94%	0.022	0.41%	5.322
盘溪河	COD	642.4	55.86%	476.9	41.47%	30.800	2.68%	1150.100
	氨氮	60.2	84.07%	11.3	15.78%	0.111	0.15%	71.611
	TN	80.3	77.42%	23.2	22.37%	0.222	0.21%	103.722
	TP	7	71.85%	2.7	27.71%	0.043	0.44%	9.743
流域总计	COD	2487.8	63.10%	1392.1	35.31%	63.024	1.60%	3942.924
	氨氮	233.2	86.40%	36.4	13.49%	0.292	0.11%	269.892
	TN	311	81.20%	71.4	18.64%	0.584	0.15%	382.984
	TP	27.2	76.16%	8.4	23.52%	0.114	0.32%	35.714

　　根据计算结果可知，在盘溪河污染源负荷中，生活污水点源污染占绝大多数，雨水径流所占比例也较大，内源释放量相对较低。

6.2.4 盘溪河流域水环境存在的问题及原因分析

根据上述对盘溪河污染调查和分析，盘溪河流域水环境存在以下几个方面的问题。

1. 外源污染现状问题及原因分析

（1）管网建设不完善，雨污分流不彻底，存在污水直排现象

盘溪河流域范围内由于市政排水设施建设滞后于城市发展，箱涵服务范围内二、三级管网部分做到了雨污分流，但仍有部分二、三级管网存在雨污合流的情况，同时排水末端截污干管雨季有大量的雨污混合污水溢出；此外，水河周边存在污水管网直排入河的情况，初步估计直排污水量 2.7 万 m^3，并且大部分直排污水进入流域内的湖库，在湖库内长期积累，全流域总体说来点源污染严重，是盘溪河流域水体黑臭的重要原因。

（2）大量施工废水排入

目前盘溪河流域内有多处施工工地，大量施工废水没有经过沉沙处理，直接排入盘溪河，严重影响水体观感。

（3）干管截流倍数小，年溢流次数多

水库名称错误为不完全分流制，合流截污干管截流倍数小，几乎都在 1.5 倍以下，而雨季常常发生溢流，大量雨污混合污水进入河道和湖库中造成污染。

（4）城市地表径流污染严重，污染物未经净化入湖

盘溪河流域范围内已基本建成，硬化率高，形成的雨水径流污染严重，湖河周边初期雨水未经任何处理，经过地表携带大量污染物直接入河，严重影响水质。

2. 内源污染现状问题及原因分析

内源污染治理缺乏，加重水体污染。

盘溪河流域水体中大量雨水和生活污水进入，河底很容易形成淤泥。尽管部分湖库进行了清淤处理，但是在没有完全截留生活污水的情况下，清淤对于污染负荷削减意义不大。因此除外源污染外，内源污染问题同样存在。加之各水体形成多年，污水输入和藻类生长等造成沉积物在河底累积，形成污染底泥，造成水体水质恶化趋势加重。

3. 环境管理机制现状问题及原因分析

缺乏流域联动制度，协调机制不畅通。

盘溪河流域外源输入涉及黄山大道、水晶郦城、恒大华府、天湖美镇、金开大道、棕榈泉小区、红棉大道、锦绣山庄、金龙路、松桥路、东和春天、和济小学、盘溪路大面积区域。整个盘溪河流域跨两江新区、渝北区和江北区，未建立统一的流域管理机制，区与区之间缺乏联动。有点突兀，管网建设管理部门责任主体划分不一致，协调机制不畅通，管理未实现全覆盖，基础资料缺失。

6.3　盘溪河环境容量与目标削减量

6.3.1　湖库及盘溪河水环境容量计算

水环境容量是指在给定水域范围和水文条件，规定排污方式和水质目标的前提下，单位时间内水体最大允许纳污量，反映流域水环境系统功能可持续正常发挥前提下水域接纳污染物的能力。流域水环境承载力一般根据水域水质目标、一定的水文水动力学条件、污染排放空间布局等，采用合适的水环境模型确定。

湖库的水环境容量考虑降解、沉降、底泥释放及本底值等因素，COD、NH_3-N 数学模型选择如下：

$$W = Q \cdot C_s \cdot 10^{-6} + 3.65 \cdot K \cdot C_s \cdot V \cdot 10^{-4} \tag{6-1}$$

式中：W——水环境容量，t/a；

　　　Q——年出湖水量，m^3/a；

　　　C_s——规划目标浓度，mg/L；

　　　K——降解速率，1/d；

　　　V——湖泊容积，m^3。

TN 和 TP 为营养盐，采用沃伦威德模型：

$$W = C_s \cdot A \cdot Z \left[365\delta + \frac{Q}{V} \right] 10^{-6} \tag{6-2}$$

式中：W——水环境容量，t/a；

　　　A——湖（库）水面积，m^2；

　　　C_s——规划目标浓度，mg/L；

　　　V——湖（库）水的体积，m^3；

　　　Q——流出湖（库）水的体积，m^3/a；

　　　δ——湖（库）水中营养盐的沉降系数，1/d；

　　　Z——湖（库）平均深度，m。

结合实际情况，参考国内外研究成果，上述模型中参数取值见表 6.3-1。

湖库水质模型参数估值　　　　　　　　　　　　表 6.3-1

参数	参数含义	估值	单位
K_C	COD 综合衰减系数	0.05	1/d
K_N	NH₃-N 综合衰减系数	0.015	1/d
δ_N	TN 沉降速率	0.007	1/d
δ_P	TP 沉降速率	0.008	1/d

各湖库主要作用为景观和防洪，因此水河的规划水质目标为 V 类，见表 6.3-2。

湖库水质目标　　　　　　　　　　　　表 6.3-2

类型	COD	NH₃-N	TN	TP
规划水质目标（mg/L）	40	2	2	0.2

盘溪河河流的水环境容量采用一维模型水环境容量计算，参数估值见表 6.3-3。公式为：

$$W = 31.536 \times \alpha \times (C_s \cdot e^{Kx/(86.4 \times u)} - C_R)Q_R \tag{6-3}$$

式中：W—环境容量，t/a；

　　　C_R—上游来水水质浓度，mg/L；

　　　α—不均匀系数，根据河宽取舍，此处取为 1；

　　　C_S—沿程浓度，mg/L；

　　　Q_R—上游来水流量，m³/s；

　　　u—河流断面平均流速，m/s；

　　　K—降解系数，d⁻¹；

　　　x—沿程距离，m。

盘溪河水质模型参数估值　　　　　　　　　　　　表 6.3-3

参数	参数含义	估值	单位
K_C	COD 综合衰减系数	0.2	1/d
K_N	NH₃-N 综合衰减系数	0.1	1/d
K_{TN}	TN 综合衰减系数	0.2	1/d
K_{TP}	TP 综合衰减系数	0.05	1/d

盘溪河流域各水体的主要作用为景观和防洪，因此规划水质目标为 V 类。根据上述模型和规划水质目标计算出水库环境容量，见表 6.3-4。

水环境容量计算结果 表 6.3–4

规划水质目标（mg/L）		COD	NH₃–N	TN	TP
		40	2	2	0.2
环境容量（t/a）	翠微湖	32.0	0.4	0.6	0.1
	八一水库	37.1	0.5	0.5	0.1
	青年水库	145.6	1.0	1.1	0.2
	茶坪水库	136.2	2.1	1.5	0.1
	六一水库	51.3	0.6	0.6	0.1
	人和水库	156.6	2.6	2.4	0.2
	百林水库	108.2	0.6	0.6	0.1
	战斗水库	165.3	2.7	2.7	0.2
	五一水库	663.6	15.3	10.1	1.0
	红岩水库	131.4	4.6	7.1	0.7
	盘溪河	250.2	8.2	10.8	1.1
	合计	1877.6	38.6	38.1	3.8

6.3.2 盘溪河流域污染负荷削减目标

根据水环境容量计算结果及预测的污染物入河量，得到水河主要污染物应削减总量。

盘溪河流域大部分湖库和河段当前已经没有剩余环境容量，主要污染物 COD、NH₃-N、TN 和 TP 在 v 类水质目标下，需要削减的量分别列于表 6.3-5。因计算污染负荷时无法测试因雨季不完全分流制导致的生活污水溢流进入水体量，本表的污染负荷削减率的计算基础为：通过溢流口整治后，雨季不出现溢流。

盘溪河流域主要污染物削减量 表 6.3–5

水体名称	指标（t/a）	污染物负荷（t/a）				环境容量（t/a）	年削减负荷（t/a）	
		外源点源	外源面源	内源	总计		削减量	削减率
翠微湖	COD	23.4	26.0	1.600	51.00	32.00	19.00000	37.25%
	氨氮	2.2	0.3	0.009	2.51	0.40	2.10900	84.06%
	TN	2.9	0.7	0.018	3.62	0.60	3.01800	83.42%
	TP	0.3	0.1	0.004	0.40	0.10	0.30350	75.22%
八一水库	COD	0.0	20.5	1.664	22.16	16.50	5.66400	25.55%
	氨氮	0.0	0.5	0.009	0.51	0.50	0.00936	1.84%
	TN	0.0	1	0.019	1.02	0.50	0.51872	50.92%
	TP	0.0	0.1	0.004	0.10	0.05	0.05364	51.76%

水体名称	指标（t/a）	污染物负荷（t/a）				环境容量	年削减负荷（t/a）	
		外源点源	外源面源	内源	总计	（t/a）	削减量	削减率
青年水库	COD	0.0	36.5	2.624	39.12	62.00	/	/
	氨氮	0.0	0.9	0.015	0.91	1.00	/	/
	TN	0.0	1.2	0.030	1.23	1.10	0.12952	10.53%
	TP	0.0	0.1	0.006	0.11	0.20	/	/
茶坪水库	COD	0.0	27.7	1.216	28.92	22.00	6.91600	23.92%
	氨氮	0.0	0.7	0.007	0.71	0.60	0.10684	15.12%
	TN	0.0	1.3	0.014	1.31	0.60	0.71368	54.33%
	TP	0.0	0.2	0.003	0.20	0.10	0.10266	50.66%
六一水库	COD	0.0	144.4	2.880	147.28	156.6	/	/
	氨氮	0.0	3.4	0.016	3.42	2.6	0.81620	23.89%
	TN	0.0	7.0	0.032	7.03	2.4	4.63240	65.87%
	TP	0.0	0.8	0.006	0.81	0.2	0.60630	75.20%
人和水库	COD	0.0	14.9	1.760	16.66	43.9	/	/
	氨氮	0.0	0.4	0.010	0.41	0.6	/	/
	TN	0.0	0.8	0.020	0.82	0.6	0.21980	26.81%
	TP	0.0	0.1	0.004	0.10	0.1	0.00385	3.71%
百林水库	COD	0.0	44.6	0.800	45.40	68.3	/	/
	氨氮	0.0	2.0	0.005	2.00	2.1	/	/
	TN	0.0	4.1	0.009	4.11	1.5	2.60900	63.49%
	TP	0.0	0.5	0.002	0.50	0.1	0.40175	80.07%
战斗水库	COD	58.4	6.9	1.920	67.22	69.8	/	/
	氨氮	5.5	0.2	0.011	5.71	2.7	3.01080	52.72%
	TN	7.3	0.3	0.022	7.62	2.7	4.92160	64.57%
	TP	0.6	0.0	0.004	0.60	0.2	0.40420	66.90%
五一水库	COD	1448.3	366.1	7.680	1822.08	663.6	1158.48000	63.58%
	氨氮	135.8	8.6	0.043	144.44	15.3	129.14320	89.41%
	TN	181.0	17.8	0.086	198.89	10.1	188.78640	94.92%
	TP	15.8	2.1	0.017	17.92	1	16.91680	94.42%
红岩水库	COD	327.0	227.5	10.080	564.58	131.4	433.18000	76.73%
	氨氮	30.7	8.1	0.057	38.86	4.6	34.25670	88.16%
	TN	40.9	14.1	0.113	55.11	7.1	48.01340	87.12%
	TP	3.6	1.7	0.022	5.32	0.7	4.62205	86.85%

续表

水体名称	指标（t/a）	污染物负荷（t/a）				环境容量（t/a）	年削减负荷（t/a）	
		外源点源	外源面源	内源	总计		削减量	削减率
盘溪河	COD	642.4	476.9	30.800	1150.10	250.2	899.9000	78.25%
	氨氮	60.2	11.3	0.111	71.61	8.2	63.41088	88.55%
	TN	80.3	23.2	0.222	103.72	10.8	92.92176	89.59%
	TP	7.0	2.7	0.043	9.74	1.1	8.64312	88.71%
流域总计	COD	2487.8	1392.1	63.024	3942.92	1,516.5	2426.42400	61.54%
	氨氮	233.2	36.4	0.292	269.89	38.6	231.29214	85.70%
	TN	311.0	71.4	0.584	382.98	38.1	344.88428	90.05%
	TP	27.2	8.4	0.114	35.71	3.7	32.01361	89.64%

6.4 盘溪河工程治理方案

6.4.1 整治思路

盘溪河流域面积 $28.25km^2$，流域面积大、湖库数量多，治理方案应从流域角度统筹规划。盘溪河存在污染和无清洁补水两个问题。根据现场调查分析，盘溪河主要污染来自于四个方面，按污染严重等级排序依次是：周边城市生活点污水直排、不完全分流制溢流污染、初期雨水面源污染及湖库内源污染。因此控源截污和流域补水是盘溪河整治的两大关键工程；再次，要求湖岸周边和湖库内生态系统对水河水体的健康提供有力支撑，形成植物、人与水体的良好互动。从作用来讲，首先，建立绿色的外围生态屏障，可有效削减地表径流对水河水体的直接影响；其次，进一步实现人与水的亲近，增加人类活动对水体的良性作用，这也是湖河整治的现实意义。

因此，两个治理方案的各种工程手段紧紧围绕以上三个方面进行，整治原则是：外源截污的有效性是水河整治成功与否的先决条件；以恢复水体自净功能，提高换水周期作为解决湖河污染的核心途径；采用"生态手段为主、非生态手段为辅"的技术策略。

治理工程设计原则是：技术成熟可靠、维护管理方便、运行费用低、景观融合、生态宜居。

根据流域行政划分、流域污染状况，为了方便整治工作的开展，本次方案设计将盘溪河流域划分为 4 个控制单元，详见图 6.4-1。

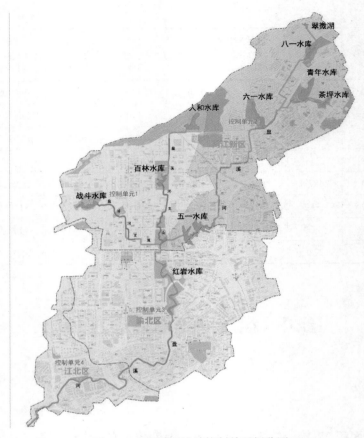

图 6.4-1　盘溪河流域控制单元划分图

6.4.2　盘溪河治理方案

　　方案一以"控源截污"为核心，主要工程系统包括：控源截污工程，生态补水工程，湖库河道内水质提升工程，河道生态恢复改造工程，水质监控工程。方案一系统图见图6.4-2所示。

1. 控源截污工程

　　本方案的控源截污工程涉及流域管网改造长度23.5km，工程涉及面广、施工路线较长、施工条件复杂、工程浩大，所辖区域相关部门应在2017年底前逐步完成雨污分流和排污口整治，之后水体自净功能才能逐步恢复。

　　（1）管网整治

　　新查出盘溪河流域约10.48km污水管网（其中两江新区为5456m，渝北区为4762m，江北区为258m）和13.01km雨水管网（其中两江新区为7706m，渝北区为5132m，江北区为237m）需要改造。经过雨污分流改造后，考虑市政及小区内部雨污分流不彻底的情况，盘溪河流域内污水截留率按80%考虑。

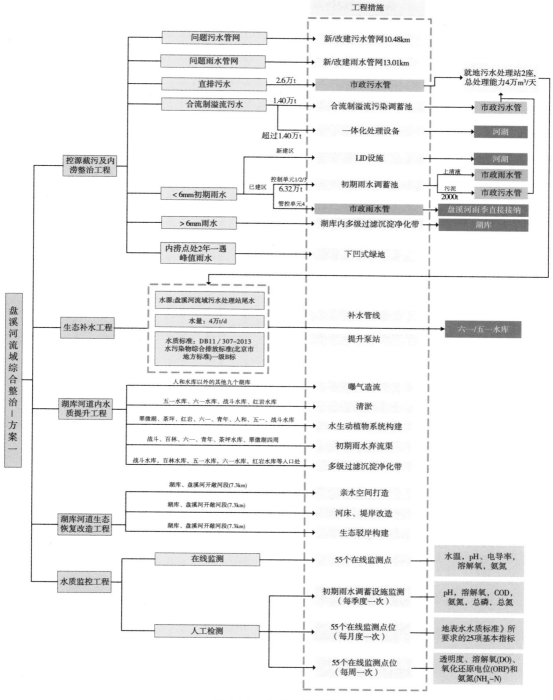

图 6.4-2 方案一系统图

盘溪河流域管网治理工程量一览表　　　　　　　　　表 6.4-1

序号	工程名	工程内容	单位	数量
（一）	污水管网整治工程			
1	排水管网	DN1000，玻璃钢夹砂管	m	771
2	排水管网	DN300，HDPE 双壁波纹管	m	721
3	排水管网	DN350，HDPE 双壁波纹管	m	94
4	排水管网	DN400，HDPE 双壁波纹管	m	4979
5	排水管网	DN500，HDPE 双壁波纹管	m	1317
6	排水管网	DN600，HDPE 双壁波纹管	m	935
7	排水管网	DN700，HDPE 双壁波纹管	m	48
8	排水管网	DN800，玻璃钢夹砂管	m	886
9	排水箱涵	$L \times B$=1000 × 1000 mm，钢混	m	8
10	排水箱涵	$L \times B$=1200 × 1500 mm，钢混	m	30
11	排水箱涵	$L \times B$=1200 × 1200 mm，钢混	m	15
12	排水箱涵	$L \times B$=800 × 600 mm，钢混	m	672
13	排水检查井	D1000，钢混	座	336
（二）	雨水管网整治工程			
1	排水管网	DN400，双壁波纹管	m	148
2	排水管网	DN500，双壁波纹管	m	991
3	排水管网	DN600，双壁波纹管	m	2083
4	排水管网	DN300，双壁波纹管	m	5
5	排水管网	DN700，双壁波纹管	m	349
6	排水管网	DN800，玻璃钢夹砂管	m	3868
7	排水管网	DN1000，玻璃钢夹砂管	m	2903
8	排水管网	DN1200，钢混	m	450
9	排水管网	DN1400，钢混	m	685
10	排水管网	DN1500，钢混	m	657
11	排水管网	DN1600，钢混	m	256
12	排水管网	DN2000，钢混	m	324
13	排水管网	DN2400，钢混	m	143
14	排水管网	DN2200，钢混	m	94
15	排水管网	$B \times H$=1000 × 500，钢混	m	8
16	排水管网	$B \times H$=1200 × 800，钢混	m	113
17	排水管网	DN1000，钢混	座	443

（2）溢流污染控制工程

为了控制面源污染、削减排水管道的峰值流量、防止地面积水，本方案针对范围内的不完全分流制管网，新建不完全分流制污染控制调蓄池11座，池容共计1.4万方。鉴于实际情况，不完全分流制溢流污染调蓄池采用集中处理调蓄的方式，在干管处对雨季污水进行调蓄。调蓄池主要用于不完全分流制溢流污染控制，其有效容积计算公式如下：

$$V=3600t_1(n-n_0)Q_{dr}\beta$$

式中：

V——调蓄池有效容积，m^3；

t_i——调蓄池进水时间h，宜采用0.5h～1.0h，当不完全分流制排水系统雨天溢流污水水质在单次降雨时间中无明显初期效应时，宜取上限；反之，可取下限；

n——调蓄池建成运行后的截流倍数，由要求的污染负荷目标削减率、当地截流倍数和截留量占降雨量比例之间的关系求得；

n_0——系统原截流倍数；

Q_{dr}——截流井以前的旱流污水量，m^3/s；

β——安全系数，可取1.1～1.5。

盘溪河流域内的不完全分流制溢流污染调蓄池共设有11座，其中两江新区4座，池容$5091m^3$；渝北区5座，池容$7341m^3$；江北区2座，池容$1503m^3$；共计$13935m^3$。见表6.4-2，图6.4-3。

盘溪河流域不完全分流制污染控制调蓄池工程量一览表　　　　　表6.4-2

序号	行政区	溢流污染控制调蓄池	容积（m^3）	面积（m^2）
1	渝北区	WL7	50	13
2	渝北区	W9-1	1220	139
3	渝北区	W9-2	2089	239
4	渝北区	W10	2762	316
5	渝北区	W11	1220	195
6	江北区	W5	136	36
7	江北区	W6	1367	219
8	两江新区	W1	2005	229
9	两江新区	W2	1309	150
10	两江新区	W3	394	79
11	两江新区	W8	1383	158
合计			13935	1773

图 6.4-3　盘溪河流域不完全分流制溢流污染实景图

（3）水质净化站

水质净化站用于处理原直排入盘溪河的生活污水及溢流污染控制调蓄池收集的混合污水，本方案设计两座水质净化站，分别为：天湖公园水质净化站（1.5 万 t/d）、动步公园水质净化站（2.5 万 t/d），共 4 万 t/d。

①天湖公园水质净化站

a. 设计规模

天湖公园水质净化站负责收集处理六一水库周边及上游生活污水，设计规模为 Q=15000m³/d。

b. 选址及形式

选址于天湖公园内，西侧紧邻金山大道，结构为全地下式水质净化站。

c. 工艺流程

工艺流程详见图 6.4-4。污泥处理工艺流程，参见图 6.4-7。

d. 方案设计

本水质净化站旱时设计污水量为 1.5 万 t/d，不考虑变化系数；雨季时考虑 1.3 的变化系数，处理能力为 1.95 万 t/d。污水综合处理间为全地下结构形式，地下建筑物占地面积为 4674m²。地上设置管理用房，占地面积 368m²。水质净化站的进出水水质如表 6.4-3 所示：

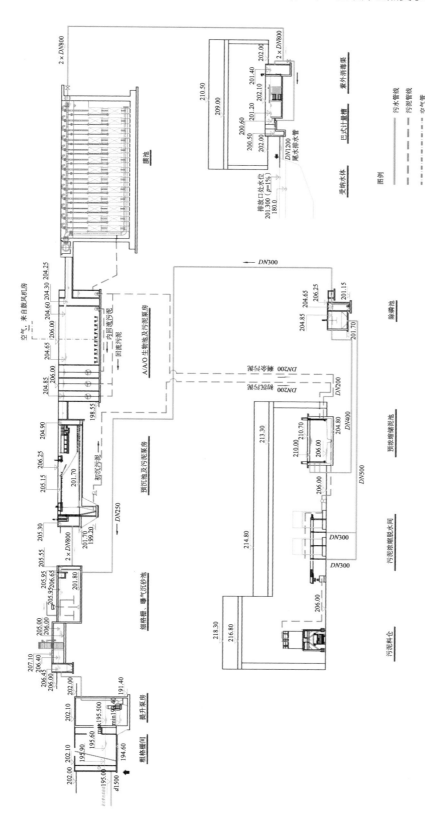

图 6.4-4　天湖公园污水站处理工艺流程图

天湖公园水质净化站进出水水质表   表 6.4-3

序号	项目名称	进水水质	出水水质	单位
1	pH	6 ~ 9	6 ~ 9	
2	COD	<430	30	mg/L
3	BOD	<170	6	mg/L
4	SS	<230	5	mg/L
5	总氮	<45	15	mg/L
6	氨氮	<35	1.5（2.5）	mg/L
7	总磷	<6	0.3	mg/L

天湖公园污水站采用 AAO 生化池 +MBR 膜池的处理工艺，达到设计要求的处理效果，工艺流程如图 6.4-5 所示。

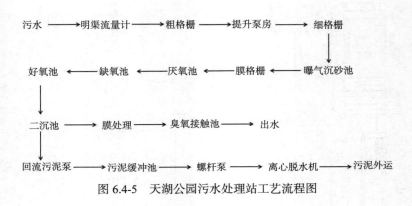

图 6.4-5 天湖公园污水处理站工艺流程图

通过截流市政道路上的污水管网，将 DN1200 的污水总管经明渠流量计后接入粗格栅，通过提升泵房提升后进入细格栅，经过曝气沉砂池、膜格栅后进入 AAO 生化池，经过平流式二沉池后再经过膜处理间，再经过臭氧接触池，达到消毒效果后提升至公园水系及补充河流水系。产生的污泥首先进入污泥缓冲池，再经过污泥切碎机切割后经螺杆泵提升至离心脱水机，达到一定含水率后经污泥车将泥饼外运。

②动步公园水质净化站

a. 设计规模

动步公园水质净化站负责收集处理五一水库周边及上游生活污水，设计规模为 $Q=25000m^3/d$。

b. 选址及形式

选址于动步公园内，靠近星光大道侧，结构为全地下式水质净化站。

c. 工艺流程

工艺流程详见图 6.4-6 及图 6.4-7。

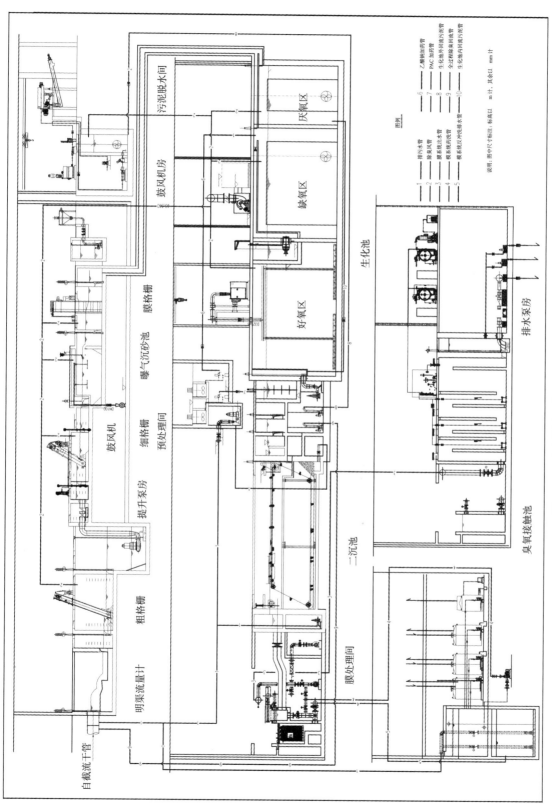

图 6.4-6 动步公园污水站处理工艺流程图

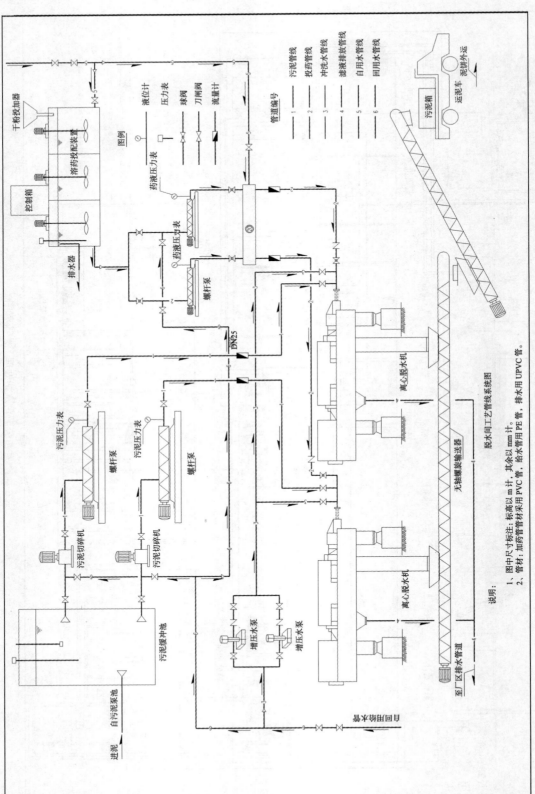

图 6.4-7　动步公园污泥工艺流程图

d. 方案设计

本污水处理厂晴天时的设计污水量为 2.5 万 t/d，不考虑变化系数；雨季时考虑 1.3 的变化系数，处理能力为 3.25 万 t/d。污水综合处理间为全地下结构形式，地下建筑物占地面积为 9268m²。地上设置管理用房，建筑面积约 3200m²。水质净化站的进出水水质如表 6.4-4 所示。

动步公园水质净化站进出水水质表　　　　　　　　表 6.4-4

序号	项目名称	进水水质	出水水质	单位
1	pH	6 ~ 9	6 ~ 9	
2	COD	<430	30	mg/L
3	BOD	<170	6	mg/L
4	SS	<230	5	mg/L
5	总氮	<45	15	mg/L
6	氨氮	<35	1.5（2.5）	mg/L
7	总磷	<6	0.3	mg/L

动步公园污水站采用 AAO 生化池 +MBR 膜池的处理工艺，达到设计要求的处理效果，工艺流程如图 6.4-8 所示。

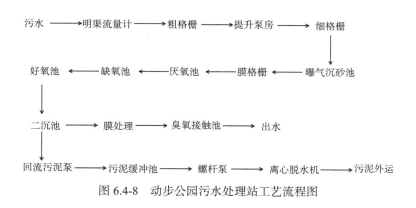

图 6.4-8　动步公园污水处理站工艺流程图

自截留的污水干管 DN1200 经明渠流量计后首先进入粗格栅，通过提升泵房提升后进入细格栅，经过曝气沉砂池、膜格栅后进入 AAO 生化池，经过平流式二沉池后再经过膜处理间，再经过臭氧接触池，达到消毒效果后提升至公园水系及补充河流水系。产生的污泥首先进入污泥缓冲池，再经过污泥切碎机切割后经螺杆泵提升至离心脱水机，达到一定含水率后经污泥车将泥饼外运。

2. 初期雨水控制工程

（1）流域初期雨水调蓄

面源污染（非点源污染）是指溶解和固体的污染物从非特定地点，在降水或融雪的冲刷作用下，通过径流过程汇入受纳水体并引起水体污染。随着点源污染控制率的提高，城市面源污染对水体污染的贡献逐渐显现，已成为水体污染的重要来源。美国环保局（1993 年）已经把城市地表径流列为导致全美河流和湖泊污染的第三大污染源。美国环保局向全国报道了城市径流是引起地表水水质恶化的主要来源（USEPA，2000），在 8 种污染源的分析中，河流水质恶化，城市径流的贡献排行第 6，对湖泊的贡献排行第 4，对河口污染的贡献排行第 2。相对来说，国内对面源污染的研究起步相对较晚，直到 20 世纪 70 年代才开始城市暴雨径流污染的研究。由于国内点源污染矛盾突出，面源污染的研究进展缓慢，到 2000 年以后，随着国内城市化进程的大力推进和点源污染控制率的大幅提高，城市暴雨径流污染逐渐受到国内学者的广泛关注，尤其"十一五"期间国家水体污染控制重大专项的设立，大大促进了国内城市面源污染的研究进程，很多城市先后开展了城市面源污染的研究工作，如郑州、上海、武汉、广州、厦门等城市。我国对滇池、太湖、淮河流域等重大河流湖泊污染区域的调查研究结果都表明面源污染已经成为水体污染的重要因素，其中滇池富营养化问题的研究结果表明工业废水、城市污水及面源的污染贡献率分别为 9%、24% 和 67%。

①初期雨水收集规模

目前在我国对初期雨水量还没有较为统一准确的计算方法。日本的不完全分流制排水系统区域溢流污染控制时，区域单位面积调蓄量为 2 ~ 7mm。以下为国内部分城市初期雨水收集规模：

《建筑与小区雨水利用工程技术规范》GB 50400—2006 中第 5.6.4 条规定：初期径流弃流量应按照下垫面实测收集雨水的 COD、SS、色度等污染物浓度确定；当无资料时，屋面弃流可采用 2 ~ 3mm 径流厚度，地面弃流可采用 3 ~ 5mm 径流厚度。

北京：通常同一场降雨，路面的初期雨水量比屋面大。屋面初期雨水净雨水量约为 2 ~ 3mm，可控制整场降雨径流污染负荷约 60% 以上，控制净雨量超过 3mm，效果增加很少。路面初期雨水净雨量数据变化幅度大，但一般净雨量 7 ~ 8mm 时，径流污染相对较轻。

邯郸：建立雨水污染物冲刷模型的基础上，通过取样分析，建立雨水中污染物浓度与降雨量的指数关系，确定出该市屋面、路面初期雨水弃流量分别为 3mm、6mm，能分别去除 COD 总量的 78.3% 和 77.9%。

郑东新区：根据经验进行估算，初期雨水量按 3mm 计算。

深圳：在缺乏实测径流与污染物负荷浓度变化曲线资料的情况下，参照《建筑与小区雨水利用工程技术规范》，屋面径流截流深度按 3 ~ 5mm 进行计算；地面径流截流深度按

5 ~ 7mm 进行计算。

根据《重庆市主城区排水（雨水）防涝综合规划》（2014 年）要求：针对初期雨水的收集问题，设置初期雨水调蓄池，收集的地面雨水深度按 4 ~ 6mm 考虑，收集初期雨水所覆盖的面积为 1 ~ 2km²，其设置的位置主要布置在雨水管线下游末端汇入河道水系处。

参照以上国内相关城市截流量标准，结合重庆市城市环境、气候、城市结构以及社会经济发展，本次截留降雨量按 6mm 进行计算，局部用地受限雨水分区按 4mm 进行计算。

②初期雨水调蓄设施方案

a. 设置初期雨水弃流井，并新建截流管

在接入主排水箱涵的雨水支管上，设置初期雨水弃流井，通过暴雨强度公式的计算，得出弃流井在收集汇水区域范围内 6mm 的水量过程中，截流管内的最大秒流量，然后对截流管所接入的污水管进行核算，计算其最高日最高时的设计流量，两流量相叠加，测算其在最不利条件下，现状的污水管网能否同时承受最高日最高时的设计流量及 6mm 的初期雨水量。若现状污水管网能力不足，则需修建单独的初期雨水截流管。见图 6.4-9。

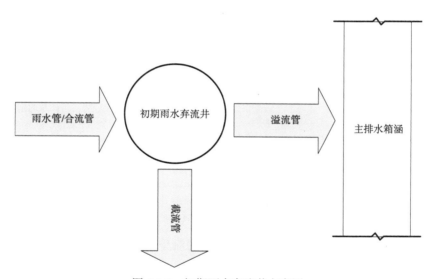

图 6.4-9　初期雨水弃流井方案图

b. 设置初期雨水调蓄池

在接入主排水箱涵的雨水支管上，设置初期雨水调蓄池，池体体积即该雨水支管汇水范围内所收集的 6mm 的初期雨水量，在池内进行絮凝沉淀处理，上清液排至雨水管网，絮凝污泥通过池内潜污泵排至市政污水管。见图 6.4-10。

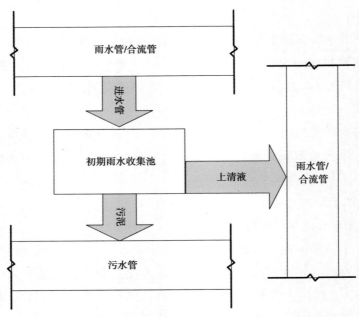

图 6.4-10　初期雨水调蓄池方案图

c. 方案比较

初期雨水调蓄设施方案比较表　　　　　　　　　　　　　　表 6.4-5

设施	优点	缺点
初期雨水弃流井 + 初期雨水截流管	建成区内截流井占地小，对地下空间要求低，投资较省，截流管可沿河修建，用地较充裕	在弃流井的截流管收集 6mm 初期雨水的过程中，其管内的峰值流量较大，需要的管径较大，且涉及的施工范围大
初期雨水调蓄池	池内初期雨水的排放可灵活调配，可在现状污水管负荷较小时，通过加压泵将池内水抽排至污水管网内，安全性较高	占地面积较大，对地下空间要求高，投资较高

　　按照没有方案一的设计思路，要保证湖库内没有初期雨水进入，红岩水库以下的盘溪河可以接受初期雨水，因此，控制单元 1-2 和控制单元 3 的红岩水库大坝以上的区域需要进行初期雨水控制，并决定采用安全性较高初期雨水调蓄池控制初期雨水。

　　③初期雨水污染负荷

　　国外对初期雨水水质研究起步较早，部分学者提出初期雨水径流污染物占降雨比例，见表 6.4-6。

初期雨水径流污染物占降雨比例　　　　　　　表 6.4-6

项目	初期径流的体积所占比例 P_1	初期径流中污染物所占总比例 P_2/%	提出时间
Stahre and Urbonas	20%	>80	1990 年
Wanielista and Yousef	25%	>50	1993 年
Hsaget 等	30%	>80	1995 年
Bertrand-Krajewski 等	30%	>80	1998 年
Deletic	20%	>40	1998 年

国内近几年也有部分研究成果：沈阳 30% 径流中 TSS，COD，TN，TP 的最大负荷分别为 75%，79%，90%，60%；重庆虎溪流域初期 40% 的径流携带了 60%～80% 的污染负荷；广州公路初期 20%～30% 径流量携带了整个降雨事件中的 50%～60% 的 COD、悬浮固体和重金属，道路初期 40% 径流携带了 53±16%TSS，66±10%COD，59±2%TN，51±5%TP，屋面初期 40% 径流携带 64±20%TSS，66±17%COD，55±14%TN，56±3%TP。

④初期雨水调蓄池设计

初期雨水量计算方式如下：

$$V=10\Psi Ah$$

式中：V——初期雨水量（m³）

Ψ——综合径流系数

A——雨水系统服务面积（hm²）

h——截留降雨量（mm）

对不同用地采用不同的径流标准。根据规划的建筑物密度情况，划分为四种区域性质。四种不同性质区域的综合径流系数见表 6.4-7。

综合径流系数　　　　　　　　　　　表 6.4-7

序号	区域性质（不透水覆盖层面积比例）	综合径流系数
1	建筑稠密的中心区（70%）	0.6～0.8
2	建筑较密的居住区（50%～70%）	0.5～0.7
3	较稀的居住区（30%～50%）	0.4～0.6
4	很稀的居住区（30%）	0.3～0.5

按此估算，则盘溪河五一水库上游集水区内初期雨水量为 27202m³。

按照雨水汇流路径，将盘溪河流域红岩水库大坝以上区域分为 27 个小的雨水管理分区，每个分区在排水末端设置初期雨水调蓄池，共分散布置 27 个初期雨水调蓄池，各个池子的容积、占地面积、接纳上游雨水管尺寸详见表 6.4-8，结合现场实施条件，集水面积 1056hm², 总容积 63200m³, 占地面积 14856m²。

各汇水区域初期雨水调蓄池参数表 表 6.4-8

序号	调蓄池编号	所属行政区	所属流域	汇流面积（万 m²）	调蓄池体积（m³）	有效水深（m³）	池体平面面积（m²）
1	A1	两江新区	五一水库	64.87	3892	5	778
2	A2	两江新区	五一水库	23.76	1425	5	285
3	A3	两江新区	五一水库	65.32	3919	5	784
4	A4	两江新区	五一水库	25.52	1531	5	306
5	A5	两江新区	五一水库	15.15	909	5	182
6	A6	两江新区	五一水库	49.42	2965	5	593
7	A7	两江新区	五一水库	47.43	2846	5	569
8	A9	两江新区	六一水库	47.10	2826	5	565
9	A10	两江新区	六一水库	55.34	3320	5	664
10	A13	两江新区	茶坪水库	27.46	1647	5	329
11	A14	两江新区	六一水库	17.66	1059	5	212
12	A15	两江新区	五一水库	17.20	860	5	172
13	A16	两江新区	百林水库	20.52	1231	3	410
14	A17	两江新区	百林水库	94.74	5684	5	1137
15	A19	渝北区	红岩水库	32.68	1961	3	654
16	A20	渝北区	红岩水库	30.35	1821	3	607
17	A21	渝北区	红岩水库	20.51	1231	3	410
18	A22	渝北区	红岩水库	16.87	1012	3	337
19	A23	渝北区	红岩水库	38.08	2285	4	571
20	A24	渝北区	红岩水库	20.14	1208	3	403
21	A25	两江新区	红岩水库	12.56	754	3	251
22	A26	两江新区	红岩水库	81.18	4871	5	974
23	A27	两江新区	红岩水库	29.69	1781	3	594
24	A28	两江新区	红岩水库	26.75	1605	3	535
25	A29	两江新区	红岩水库	78.69	4721	5	944
26	A30	两江新区	红岩水库	25.81	1549	3	516
27	A31	两江新区	红岩水库	71.40	4284	4	1071
	合计				63200		14856

各个调蓄池的分布图详见图 6.4-11。

图 6.4-11　初期雨水调蓄池分布总图

按照前述初期雨水污染负荷的国内外研究，本次初期雨水截留后，雨水污染负荷削减率按 60% 考虑。

3. 生态补水工程

生态补水工程采取分段截污、分段处理、分段补水，在控源截污的基础上利用中水进行生态补水，构建全流域的生态补水系统。生态补水工程核心在于布置水质净化站，旱季将四周污水进行处理后直接排入湖库进行生态补水，本方案利用天湖公园和动步公园两个水质净化站的尾水分别对六一水库、五一水库进行补水，补水量分别为 1.5 万 t/d 和 2.5 万 t/d，尾水排放标准要求达到《北京市水污染物排放标准》DB 11/307—2013 的一级 B 标准。补水工程配套设计见表 6.4-9。

生态补水工程配套设施表　　　　　　　　　　　　表 6.4-9

序号	工程内容	规格／规模	单位	数量
1	1# 中水补水泵站	1.5 万 m³/d	座	1
2	2# 中水补水泵站	2.5 万 m³/d	座	1
3	中水补水管	DN300，钢管	米	1273
4	中水补水管	DN450，钢管	米	1950

4. 湖库水质提升工程

（1）整治目标

水体清澈（透明度大于 1.2m）、水色正常、水体无异味，水体景观充分展现；水生生物种类丰富，水体生物多样性丰富；水生态系统健康、稳定、长效运行。

（2）整治方案

盘溪河流域建立以削减内源、净化雨水为辅、生态修复为主的水质提升系统。据现状各湖库和盘溪河的不同水质状况将流域内的 10 个湖库和盘溪河分解为 4 个治理梯度，有针对性的采用不同的水质提升方案，详见表 6.4-10。

盘溪河流域各湖库水质提升方案　　　　　　　　　　表 6.4-10

水体名称	水质梯度	水质提升方案
八一水库	第一梯度	弃流渠＋微生态原位净化技术
青年水库		
茶坪水库		
人和水库		
翠微湖	第二梯度	弃流渠＋微生态原位净化技术
百林水库		
战斗水库	第三梯度	弃流渠＋清淤＋微生态原位净化技术＋工程
五一水库		
红岩水库		
六一水库		

①第一梯度湖库整治

第一梯度湖库包括：人和水库、八一水库、青年水库、茶坪水库，主要处于各子流域源头，现状水质相对较好；污染源相对单一（点源污染基本治理，主要为面源污染），不受上游污染影响。整治思路为强化水体自身的自净能力，整治措施为弃流渠＋微生态原位净化技术。

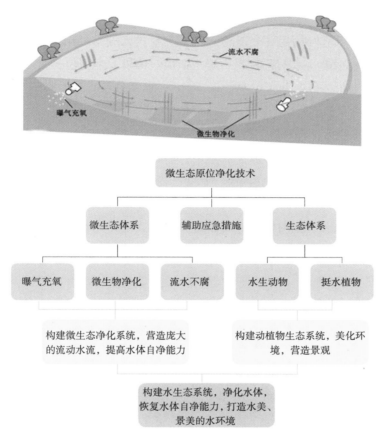

图 6.4-12　微生态原位净化技术原理图

微生态原位净化技术直接净化工艺通过流水不腐、曝气充氧和微生物净化等三大内核技术，采用生物接触氧化机理对景观水进行处理。微生态原位净化技术直接净化工艺核心在于生态治水，工艺流程围绕着为净水微生物创造良好的生存环境和适宜的净水环境而展开。微生态原位净化技术利用微生物的生命活动，以天然存在的微生物净化为核心，经过原位培育，结合流水不腐、曝气增氧等技术手段，增加微生物活性能力，对水中污染物进行转移、转化及降解，最大限度地恢复水体的自净能力，使水质得到净化，重建并恢复适宜多种生物生息繁衍的水生生态系统。原理图见图 6.4-12。

（1）人和水库

强化水体自净能力，通过投放水生动物，栽培水生植物构建生态净化系统。

165

（2）八一水库

在现有生态修复的基础上，设置曝气造流一体机，加强水体循环和曝气增氧。

（3）青年水库

湖库内构建微生态原位净化系统，主要措施包括：曝气造流一体机、生物毯、人工水草、水生动物、水生植物。

（4）茶坪水库

利用四周的雨水管网构建环湖渗透弃流渠，对排入湖库的雨水进行净化。湖库内构建微生态原位净化系统，主要措施包括：曝气造流一体机、生物毯、人工水草、水生动物、水生植物。

②第二梯度湖库整治

第二梯度湖库包括：翠微湖、百林水库，主要处于各子流域的中下游，主要污染源为点源污染和面源污染，污染源难以彻底整治，但污染负荷相对较低。整治思路为强化水体自身的自净能力，整治措施为弃流渠＋微生态原位净化技术。

（1）翠微湖

利用湖库四周的雨水管网构建环湖渗透弃流渠，对排入湖库的雨水进行净化。湖库内构建微生态原位净化系统，主要措施包括：曝气造流一体机、生物毯、人工水草、水生动物、水生植物。

（2）百林水库

利用湖库四周的雨水管网构建环湖渗透弃流渠，对排入湖库的雨水进行净化。在现有生态修复的基础上，设置曝气造流一体机，加强水体循环和曝气增氧。

③第三梯度湖库整治

第三梯度湖库包括：战斗水库、五一水库、六一水库，主要处于各子流域的下游，污染源情况复杂，主要污染源为点源污染和面源污染，污染源难以整治，且受上游河道输入污水影响。整治思路为恢复水体的自净能力，整治措施为弃流渠＋清淤＋微生态原位净化技术＋工程菌投加。

（1）清淤

由于上游常年的雨、污混排水输入，水库内已淤积有较厚的淤泥层，采集样发黑发臭，必须对其进行清理。

库体淤泥的处理方法多种多样，按淤泥污染物去除的主要机理可分为物理处理方法、生物处理方法、生物化学处理方法和淤泥固化法等。物理方法包括疏浚、冲刷、自然恢复等措施，优点在于见效快，技术要求低，施工程序简单，缺点在于对公众的影响和干扰大，运输及倾倒容易引起二次污染；生物处理法主要是利用微生物或细菌自身的降解能力分解污泥中污染物或者利用植物聚集、吸附、分解有机污染物的能力净化淤泥，虽然其投资低，但见效慢，需要漫长的过程，同时易受外界环境条件的影响；生物化学方法是在淤泥中注入化学物质，使化学物质与淤泥中的有机物等污染物质发生化学反应，改变污染物的化学性质，增加微生物的活性和降解有机物的能力，见效快，效果稳定，但对于换水困难、环境容量有限的水体来说，仍然不能将污染物彻底带离水体；淤泥固化是以淤泥作为原料，采用土壤胶凝剂等添加剂，通过一定的机械手段将淤泥与其搅拌，改变淤泥的结构性质，短时间内凝固并脱水减量，其具有工期短、工艺简单、固化后淤泥体积减量、物理性质较稳定、运输及倾倒过程不会引起二次污染的特点。

除以上分类外，淤泥按处理实施的场所又可分为原位处理与异位处理。现场采样结果表面属于多年来污水沉积下来的黑臭污泥，污泥带有明显恶臭。结合现场实际勘测情况，需对水库进行清淤，具体整治方式采用机械清淤，淤泥处理方式：外运。

通过现场勘测情况，各水库清淤量分别为：战斗水库 2.3 万 m^3、五一水库 18.9 万 m^3、六一水库 5.9 万 m^3、红岩水库 6.3 万 m^3。

（2）微生态原位净化技术

微生态原位净化技术包括：曝气造流、生物毯、人工水草、水生动物、水生植物五个方面。

曝气造流：为在库区中进行水体上下循环，防止在流动性较差的情况下污染物在底层累积，加速表层的复氧的下传效率，在坝前区水位最深的区域内设置超大流量曝气造流一体机，超大流量曝气造流一体机除了为水体提供溶解氧外，另一个功能是造流，造流的作用：一是把溶解氧传递到各处，防止出现缺氧区域；二是让水体与生物膜充分混合接触，更好传质；三是流动水体可抑制藻类爆发。

生物毯及人工水草：生物毯和人工水草是用高分子材料复合而成，仿毯层结构和仿水草枝叶，能在水中自由飘动，形成上中下立体结构层，具有多孔结构、高比表面积的特点；微生物富集于生物毯和人工水草表面，形成"好氧 - 兼氧 - 厌氧"复合结构的微环境，实现硝化和反硝化作用。

水生动物及水生植物：构建水生生物生态系统，水生动物群落构建是通过建立水生动物群，进一步恢复物种多样性，在水体中投放经过优选、养殖的水生动物：如鱼、虾、螺、贝等水生物，促进水体的微循环，为其他水生物的生长创造更佳条件。水生植物群落为亲水的水鸟、昆虫和其他野生动物提供食物来源和栖居场所。正是由于水生动植物以及非生物物质的相互作用和循环往复，才使得水体成为具有生命活力的水生生态环境，从而保存了水生环境中的生物多样性。保存生物多样性这个功能，是其他功能得以发挥的基础。水生植物进行光合作用时，能吸收环境中的二氧化碳、放出氧气，在固碳释氧的同时，水生植物还会吸收水体中许多有害元素，从而消除污染、净化水质、改善水体质量，恢复水体生态功能。如凤眼莲对氮、磷、钾元素及重金属离子均有吸收作用；而芦苇除具有净化水中的悬浮物、氯化物、有机氮、硫酸盐的能力外，还能吸收其中的汞和铅等。

战斗水库：曝气造流一体机 23 台，生物毯 5750m²，人工水草 218000m，水生动物

60000kg，水生植物 2300m²。

五一水库：曝气造流一体机 69 台，生物毯 31500m²，人工水草 888000m，水生动物 100000kg，水生植物 12600m²。

六一水库：曝气造流一体机 30 台，生物毯 14750m²，人工水草 209000m，水生动物 80000kg，水生植物 5900m²。

红岩水库：曝气造流一体机 30 台，生物毯 14000m²，人工水草 104000m，水生动物 70000kg，水生植物 7000m²。

盘溪河流域各湖库水质提升工程量　　　　　　　　表 6.4–11

序号	工程名	工程内容	数量	单位
1	翠微湖			
1.1	环湖渗透弃流渠		471	m
1.2	曝气造流一体机		6	台
1.3	生物毯		2000	m²
1.4	人工水草		25000	m
1.5	水生动物		15000	kg
1.6	水生植物		1000	m²
2	八一水库			
2.1	曝气造流一体机		6	台
3	青年水库			
3.2	曝气造流一体机		20	台
3.3	生物毯		17250	m²
3.4	人工水草		191000	m
3.5	水生动物		70000	kg
3.6	水生植物		6900	m²
4	茶坪水库			
4.1	环湖渗透弃流渠		695	m
4.2	曝气造流一体机		10	台
4.3	生物毯		4750	m²
4.4	人工水草		67000	m
4.5	水生动物		15000	kg

续表

序号	工程名	工程内容	数量	单位
4.6	水生植物		1900	m²
5	六一水库			
5.1	底泥清淤		0.8	万 m³
5.2	复合工程菌		41.8	t
5.3	环湖渗透弃流渠		2501	m
5.4	曝气造流一体机		30	台
5.5	生物毯		14750	m²
5.6	人工水草		209000	m
5.7	水生动物		80000	kg
5.8	水生植物		5900	m²
6	人和水库			
6.1	水生动物		80000	kg
6.2	水生植物		5500	m²

5. 河道生态恢复改造工程

对盘溪河开敞的"三面光"河段（共 7.3km）进行生态恢复改造，以河床下挖＋植物遮挡＋堤岸表面改造＋砾石床的形式恢复盘溪河河道生态功能，增加水体自净能力；同时在河道的两侧进行景观设计，增加亲水步道，景观石块等设施，为市民提供休闲娱乐场所，享受环境治理成果。

6. 水质监测工程

为对整治结果进行监督，需要在流域内设置黑臭水体监测位点，原则上可沿黑臭水体每 200～600m 间距设置检测点，但每个水体的检测点不少于 3 个。取样点一般设置于水面下 0.5m 处，水深不足 0.5m 时，应设置在水深的 1/2 处。原则上间隔 1～7 日检测 1 次，至少检测 3 次以上。本方案的水质监测工程包括自动监测和人工检测两大部分。设置 55 个在线监测位点，其中两江新区：36 个，渝北：11 个，江北区：8 个。人工检测主要对初期雨水调蓄设施进行监测，每个季度进行一次水质常规监测（检测指标为 pH，溶解氧，COD，氨氮，总磷，总氮 6 项），55 个在线监测点位，每月进行一次《地表水环境质量标准》GB 3838—2002 中所要求的 25 项基本指标的人工采样监测，每周一次进行黑臭水体常规判定指标的监测，指标包括：透明度、溶解氧（DO）、氧化还原电位（ORP）和氨氮（NH_3-N）。监测点布置见图 6.4-13，工程量见表 6.4-12，综合整治总平面布置见图 6.4-14。

盘溪河流域自动监控系统工程量一览表   表 6.4-12

湖库名称	单位	自动监测装置数量	工程投资（万元）
八一水库	套	3	60
百林水库	套	3	60
茶坪水库	套	3	60
翠微湖	套	3	60
红岩水库	套	5	100
六一水库	套	5	100
盘溪河	套	22	440
青年水库	套	3	60
人和水库	套	2	40
五一水库	套	3	60
战斗水库	套	3	60
信息化集成系统	套	3	3000
合计		58	4100

图 6.4-13　盘溪河流域监测点位布置图

6.5　整治效果

对比整治前水体水质，整治前盘溪河流域全是淤泥，河水昏暗发黑，河底淤泥，整治后水质明显改善，清澈见底，河底水草丛生，治理初见成效，实现基本消除黑臭。见图 6.5-1。

根据《关于做好城市黑臭水体整治效果评估工作的通知》（建办城函〔2017〕249 号），《城市黑臭水体整治工作指南》等相关文件要求，选取公众评议范围沿盘溪河周边半径 1km 以内的企业、住宅小区、商业区等场所。调查团队在盘溪河评议范围内随机向 133 位市民发放调查问卷，其中 117 份问卷有效，16 份问卷无效，无效问卷主要为未填写真实个人信息或问卷存在较多涂改痕迹。在有效公众调查问卷中 76 份对整治结果非常满意，36 份对整治结果满意，5 份为不满意。在 117 份有效问卷中，112 份表示对盘溪河整治情况较满意，满意度达 96%，认定该水体整治初见成效。

整治过程中，发现一些亟待解决的问题：城镇二、三级管网建设不够完善，管网年久失修，存在渗漏、堵塞问题；在前期的整治工程中，着重于消减入河污染，以控源截污为主，生态修复力度不足，需要构建健康、完整、稳定的河道水生态系统的措施；盘溪河流域已建立起健全的河长制、整治效果考核评估机制、排污许可制度等相关制度，明确了水体及各类治污设施日常维护管理的单位、经费、制度和责任人，但由于涉及部门众多，缺少联动机制，各项制度的落实力度还需加强。

图 6.4-14　盘溪河综合整治总平面布置

图 6.5-1　盘溪河整治后（可见河底水草）

参考文献

[1] 国务院.水污染防治行动计划.北京，2015.

[2] 俞欣，陈天安.河道黑臭污染简易评价方法研究 [J].环境科学与管理，2015，40（03）：176-179.

[3] 李继洲，牛城，嵇浩然等.南京城区典型河道水体黑臭现状评价 [J].徐州工程学院学报（自然科学版），2013，28（02）：53-56.

[4] 魏文龙，荆红卫，张大伟等.北京市城市河道水体发臭分级评价方法 [J].环境化学，2017，36（02）：439-447.

[5] 程江，吴阿娜，车越等.平原河网地区水体黑臭预测评价关键指标研究 [J].中国给水排水，2006（09）：18-22.

[6] 卓海华，吴云丽，刘旻璇等.三峡水库水质变化趋势研究 [J].长江流域资源与环境，2017，26（06）：925-936.

[7] 左新宇，兰峰等.三峡库区小江富营养化现状及防治建议 [J].水利水电快报，2016（11）：12-16.

[8] 赖志斌.废水中悬浮物与 COD 的关系研究 [J].时代农机，2012，39（11）：240-242.

[9] 吴根良.杭州水产养殖污染的现状和对策 [J].安徽农业科学，2015（33）：336-339.

[10] 范成新.太湖湖泛形成研究进展与展望 [J].湖泊科学，2015，27（4）：553-566.

[11] 王旭，王永刚，孙长虹，等.城市黑臭水体形成机理与评价方法研究进展 [J].应用生态学报，2016，27（4）：1331-1340.

[12] 王永辉.城市黑臭水体治理技术探讨 [J].山西建筑，2017，43（32）：174-175.

[13] 中国环境保护部.《中国环境状况公报》，北京，2016 年（中国）.

[14] 李亮，康威，谭松明等.我国建筑小区雨水弃流技术与装置发展现状 [J].中国给水排水，2016（4）：1-6.

[15] 国家环境保护总局.长江三峡工程生态与环境监测公报.北京，2016（中国）.

[16] 雷晓玲，肖璇.三峡库区底泥养分特性及资源化处置 [J].贵州农业科学，2014（2）：187-189.

[17] 张兴梅.三峡库区重庆城区段底泥重金属污染调查与分析 [J].重庆工商大学学报（自然科学版），2010，27（2）：176-180.

[18] 余义瑞，陈垚，雷晓玲，等.铰刀型式对航道疏浚中底泥污染物释放特性的影响 [J].环境科学与技术，2015，38（8）：210-213.

[19] 雷晓玲.抓斗式疏浚设备对底泥污染物释放规律的研究 [J].环境工程，2015，33（4）：97-99.

[20] 胡小贞，金相灿，卢少勇，等.湖泊底泥污染控制技术及其适用性探讨 [J].中国工程科学，2009，11（9）：28-33.

[21] 程江，吴阿娜，车越，等.平原河网地区水体黑臭预测评价关键指标研究 [J].中国给水排水，2006，22（9）：18-22.

[22] 胡国臣，王忠.预防水体黑臭的水质指标研究 [J].上海环境科学，1999（11）：523-525.

[23] 熊跃辉.我国城市黑臭水体成因与防治技术政策 [J].中国环境报，2016（3）.

[24] 林培.《城市黑臭水体整治工作指南》解读 [J].建设科技，2015（18）：14-15.

[25] 张列宇，王浩，李国文，等.城市黑臭水体治理技术及其发展趋势 [J].环境保护，2017，45（5）：62-65.

[26] 陈修硕，张明辉，夏丽佳，等.城市黑臭水体来源与治理措施探究 [J].环境保护与循环经济，2017（7）：41-43.

[27] 胡洪营，席劲瑛，孙艳，等.城市黑臭水体形成机制、评价方法和治理技术 [J].水工业市场，2015（6）：17-21.

[28] 林培.《城市黑臭水体整治工作指南》解读 [J].建设科技，2015（18）：14-15.

[29] 黄建军，摄丽鹏.新一代河道水环境治理技术 -"HDP" 直接净化技术 [C].中国河道治理与生态修复技术交流研讨会.2010.

[30] 黄建军.HDP 景观水直接净化技术 [J].中国科技成果，2013（9）：16-17.

[31] 易春权.城市黑臭河道水体治理基本思路的探讨 [J].水资源开发与管理，2017（4）：14-16.

[32] 王书敏，郭树刚，何强，等.城市流域降雨径流水质特性及初期冲刷现象 [J].环境科学研究，2015，28（4）：532-539.

[33] 寻瑞.基于土地利用类型的湘江流域农业非点源氮磷污染分布特征研究 [D].2015.

[34] 王书敏.山地城市面源污染时空分布特征研究 [D].重庆大学，2012.

[35] 常静,刘敏,侯立军,等.上海城市降雨径流污染过程、效应与管理 [C]// 自然地理学与生态建设.2006.

[36] 洪忠.城市初期雨水收集与处理方案研究 [J].中国农村水利水电，2010（6）：41-43.